全国中等职业学校电工类专业通用

全国技工院校电工类专业通用（中级技能层级）

安全用电课教学设计方案

——与《安全用电（第六版）》配套

闫 伟 主编

中国劳动社会保障出版社

简介

本书是全国中等职业学校电工类专业通用教材 / 全国技工院校电工类专业通用教材（中级技能层级）《安全用电（第六版）》的配套用书，供教师在教学中使用。本书按照教材章节顺序编写，书中每节均提供“教案首页”和“教学活动”两部分内容，“教案首页”明确本节的教学目标，教学重、难点及解决方法，授课方法，教学思路和建议等，“教学活动”包括教学过程与教学内容、教师活动、学生活动等内容。全书的内容安排体现教材的编写意图，力求为教师授课提供多方面的帮助。教师可结合教学实际情况和学生特点，在本教学设计方案的“授课进度计划表”“教案首页”“教学活动”的空白处增加、补充内容。

本书由阎伟任主编，张宏伟任副主编，吴波、樊荣莹、高芳芳参加编写。其中，第一章由张宏伟编写，第二章由高芳芳编写，第三章由樊荣莹编写，第四章由吴波编写，第五章由阎伟编写。

图书在版编目（CIP）数据

安全用电课教学设计方案：与《安全用电（第六版）》配套 / 阎伟主编. -- 北京：中国劳动社会保障出版社，2024

全国中等职业学校电工类专业通用. 全国技工院校电工类专业通用. 中级技能层级

ISBN 978-7-5167-6424-4

Ⅰ. ①安… Ⅱ. ①阎… Ⅲ. ①安全用电－教学设计－中等专业学校－教学参考资料 Ⅳ. ①TM92

中国国家版本馆 CIP 数据核字（2024）第 076189 号

中国劳动社会保障出版社出版发行

（北京市惠新东街 1 号　邮政编码：100029）

*

北京谊兴印刷有限公司印刷装订　新华书店经销

787 毫米 × 1092 毫米　16 开本　5.25 印张　98 千字

2024 年 4 月第 1 版　　2024 年 4 月第 1 次印刷

定价：11.00 元

营销中心电话：400-606-6496

出版社网址：http://www.class.com.cn

http://jg.class.com.cn

目　录

第一章　触电与触电防护

第二章　安全防护技术及其应用

第三章　电气设备及线路的安全运行

第四章　电气安全工作制度

第五章 安全用电的检查和电气事故的处理

安全用电课授课进度计划表

序号	周次	授课日期	课时	名称	合计课时
				第一章　触电与触电防护	
1			2	电气事故基本知识	6
2			2	触电方式	
3			2	触电急救	
4			2	实训　触电急救	2
				第二章　安全防护技术及其应用	
5			2	屏护、间距及安全标志	14
6			1	绝缘防护	
7			1	保护接地	
8			2	保护接零和重复接地	
9			1	接地装置	
10			2	漏电保护装置	
11			2	过电压及其防护	
12			2	电气防火与防爆	
13			1	静电防护	
14			1	参观教学	1
15			2	实训　漏电保护器的使用	2
				第三章　电气设备及线路的安全运行	
16			2	变配电设备的运行和操作	7
17			2	电气线路的安全技术	
18			2	用电设备的安全技术	
19			1	施工现场配电系统的安全技术	
20			1	参观教学	1

<table>
<tr><th>序号</th><th>周次</th><th>授课日期</th><th>课时</th><th>名称</th><th>合计课时</th></tr>
<tr><td colspan="6">第四章　电气安全工作制度</td></tr>
<tr><td>21</td><td></td><td></td><td>2</td><td>电工安全用具</td><td rowspan="4">6</td></tr>
<tr><td>22</td><td></td><td></td><td>1</td><td>电气值班制度</td></tr>
<tr><td>23</td><td></td><td></td><td>2</td><td>电工安全技术操作规程</td></tr>
<tr><td>24</td><td></td><td></td><td>1</td><td>电工作业安全规定</td></tr>
<tr><td>25</td><td></td><td></td><td>1</td><td>实训 1　电工安全用具的使用</td><td>1</td></tr>
<tr><td>26</td><td></td><td></td><td>1</td><td>实训 2　变、配电室值班员虚拟仿真</td><td>1</td></tr>
<tr><td colspan="6">第五章　安全用电的检查和电气事故的处理</td></tr>
<tr><td>27</td><td></td><td></td><td>2</td><td>安全用电的检查制度</td><td rowspan="4">5</td></tr>
<tr><td>28</td><td></td><td></td><td>1</td><td>安全用电的宣传和管理</td></tr>
<tr><td>29</td><td></td><td></td><td>1</td><td>用电事故及其调查分析</td></tr>
<tr><td>30</td><td></td><td></td><td>1</td><td>用电事故的预防措施</td></tr>
<tr><td colspan="6">合计 46 课时</td></tr>
</table>

第一章
触电与触电防护

§1-1　电气事故基本知识

教案首页				
序号	1	名称	电气事故基本知识	
授课班级		授课日期		授课时数
		年　月　日		2课时
教学目标	1. 了解电的危险性。 2. 熟悉电气事故的危害和预防措施。 3. 能分析电气事故的常见案例。			
教学重、难点及解决方法	重点：电气事故的预防措施。 难点：电气事故案例分析。 解决方法：通过播放电气事故案例视频（或动画演示），解决教学的重点和难点问题。			
授课教具	多媒体教学设备。			
授课方法	讲授法、多媒体教学法、案例教学法。			
教学思路和建议	本节内容通过电气事故案例视频（或动画演示），让学生对电的危险性及可能产生的危害有直观的认识，例如，通过演示不遵守安全操作规程造成的事故案例，强调遵守安全操作规程的重要性。 结合学生日常生活中经常接触到的用电器具，具体介绍安全知识，以提高学生的学习兴趣，达到更好的教学效果。 采用案例教学法加强学生对安全知识的认知。			
审批意见	签字： 年　月　日			

<table>
<tr><th colspan="3">教 学 活 动</th></tr>
<tr><th>教学过程与教学内容</th><th>教师活动</th><th>学生活动</th></tr>
<tr><td>【组织教学】
1. 巡查教学环境。
2. 督促学生将手机关机，集中放入手机袋，统一保管。
3. 指导学生自查课堂学习材料的准备情况。
4. 发放习题册或作业本。</td><td>督促学生完成课前准备。（课前 2 min 内）</td><td>按要求完成课前准备。</td></tr>
<tr><td>【复习提问】
同学们看见过或听说过哪些关于电气方面的事故?</td><td>提出问题。（2 min）</td><td>思考并回答问题。</td></tr>
<tr><td>【教学引入】
电能被广泛应用于工农业生产、人们生活的各个领域。人们在用电时，如果对电能可能产生的危害认识不足，控制、管理不当，防护措施不利，将会发生异常情况，造成电气事故。</td><td></td><td></td></tr>
<tr><td>【讲授新课】
一、电气事故的特点
电气事故是电气安全工程研究和管理的主要对象，了解电气事故的特点和分类情况，对做好安全用电工作具有重要的意义。
1. 电气事故危害大
2. 电气事故危险直观识别难
3. 电气事故涉及领域广</td><td>利用 PPT 授课 1。（35 min）</td><td>听讲，做笔记。</td></tr>
<tr><td>二、电气事故的预防措施
电气事故是具有规律性的，且其规律是可以被人们认识和掌握的。安全操作规程是为了保证安全生产而制定的、操作者必须遵守的操作活动规则。</td><td>讲解电气事故的预防措施，并要求学生根据学过的知识讨论某一类电气事故的具体预防措施。</td><td>讨论电气事故的预防措施，并总结教训。</td></tr>
</table>

教 学 活 动		
教学过程与教学内容	教师活动	学生活动
三、电气事故案例分析 1. 常见的家庭触电事故 2. 缺乏电气安全常识造成的事故 3. 违章作业造成的事故 4. 电气安装不符合要求造成的事故 5. 设备有缺陷或故障造成的事故	利用 PPT 授课 2。(38 min) 讲解电气事故的案例分析。讲解过程中引入常见的家庭触电事故、缺乏电气安全常识造成的事故、违章作业造成的事故、电气安装不符合要求造成的事故、设备有缺陷或故障造成的事故等，引导学生讨论并得出结论。	分组讨论案例，总结经验教训，在课堂上踊跃发言。
【课堂小结】 1. 电气事故的特点。 2. 电气事故的预防措施。	可借用典型案例对学生宿舍用电安全的内容进行深入介绍，一方面提高学生对安全用电的认识，另一方面可以激发学生的学习兴趣。(3 min)	对新知识进行必要的记录。
【课后作业】 布置本次课的作业并提出要求。	布置本次课的作业，提醒注意事项。(2 min)	对照习题册中的问题进行咨询。

§1-2 触电方式

<table>
<tr><td colspan="5">教案首页</td></tr>
<tr><td>序号</td><td>2</td><td>名称</td><td colspan="2">触电方式</td></tr>
<tr><td colspan="3">授课班级</td><td>授课日期</td><td>授课时数</td></tr>
<tr><td colspan="3"></td><td>年　月　日</td><td>2课时</td></tr>
<tr><td>教学目标</td><td colspan="4">1. 了解电击、电伤的概念、特征及危害。
2. 熟悉安全电流、人体电阻与安全电压的定义及对人体的影响。
3. 掌握触电的常见形式、触电原因及预防措施。</td></tr>
<tr><td>教学重、难点及解决方法</td><td colspan="4">重点：安全电压的等级及触电预防措施。
难点：触电的原因分析。
解决方法：通过播放安全电压、触电形式案例视频（或动画演示），结合预防措施讲解，解决教学的重点和难点问题。</td></tr>
<tr><td>授课教具</td><td colspan="4">多媒体教学设备、低电压手提照明灯、24 V 照明灯、6 V 指示灯。</td></tr>
<tr><td>授课方法</td><td colspan="4">讲授法、多媒体教学法、案例教学法。</td></tr>
<tr><td>教学思路和建议</td><td colspan="4">本节内容通过安全电压、触电形式案例视频（或动画演示），让学生对电击、电伤的危害及触电的形式、原因和预防措施有正确的认识。
结合学生日常生活中可能遇到的触电形式、触电原因，具体介绍预防措施，以提高学生的学习兴趣，达到更好的教学效果。</td></tr>
<tr><td>审批意见</td><td colspan="4">签字：
年　月　日</td></tr>
</table>

教学活动		
教学过程与内容	教师活动	学生活动
【组织教学】 1. 巡查教学环境。 2. 督促学生将手机关机，集中放入手机袋，统一保管。 3. 指导学生自查课堂教学材料的准备情况。 4. 发放习题册或作业本。	督促学生完成课前准备。（课前 2 min 内）	按要求完成课前准备。
【复习提问】 1. 电气事故有哪些特点？ 2. 什么是安全操作规程？ 3. 从事电工特种作业的人员应符合哪些条件？	提出问题。（5 min）	思考并回答问题。
【教学引入】 人体组织中有 60% 以上是由含有导电物质的水分组成的，因此，人体是良导体。当人体接触设备的带电部分并形成电流通路时，就会有电流流过人体，导致触电。		
【讲授新课】 **一、触电** 触电是指电流流过人体时对人体产生的生理和病理伤害，分为电击和电伤两种类型。 1. 电击 2. 电伤 **二、安全电流、人体电阻与安全电压** 1. 安全电流 2. 人体电阻与安全电压 **三、触电形式** 常见的触电形式有单相触电、两相触电和跨步电压触电。	利用 PPT 授课 1。（35 min） 通过案例教学，让学生对电的危险性及可能产生的危害有直观的认识，强调安全操作规程的必要性。可通过展示典型用电器具，如小型变压器、24 V 照明灯、危险环境和特别危险环境中使用的低压电动工具等，引导学生了解安全电压及其作用。	听讲，做笔记。 讨论案例，并总结经验和教训。 对新知识进行必要的记录。

<table>
<tr><th colspan="3">教 学 活 动</th></tr>
<tr><th>教学过程与内容</th><th>教师活动</th><th>学生活动</th></tr>
<tr><td>四、触电的原因及预防措施
1. 带电工作
2. 移动和便携式电动工具、电气设备使用不当
3. 设备接地不良
4. 搭接临时线路
5. 存在裸露的带电体
6. 存在跨步电压
7. 电气设备或电气线路发生火灾</td><td>利用 PPT 授课 2。(35 min)
采用案例教学法，将触电的原因对应的预防措施逐条进行梳理。</td><td>分组讨论案例，总结经验教训，在课堂上踊跃发言。</td></tr>
<tr><td>【课堂小结】
1. 触电伤害。
2. 安全电流和安全电压。
3. 预防触电的措施。</td><td>可结合拓展知识介绍，一方面提高学生对安全用电的认识，另一方面可以激发学生的学习兴趣。(3 min)</td><td></td></tr>
<tr><td>【课后作业】
布置本次课的作业并提出要求。</td><td>布置本次课的作业，提醒注意事项。(2 min)</td><td>对照习题册中的问题进行咨询。</td></tr>
</table>

§1-3 触电急救

<table>
<tr><td colspan="6">教 案 首 页</td></tr>
<tr><td>序号</td><td>3</td><td>名称</td><td colspan="3">触电急救</td></tr>
<tr><td colspan="3">授课班级</td><td colspan="2">授课日期</td><td>授课时数</td></tr>
<tr><td colspan="3"></td><td colspan="2">年 月 日</td><td>2课时</td></tr>
<tr><td>教学目标</td><td colspan="5">1. 掌握触电急救的要点。
2. 掌握解救触电者脱离电源的方法。
3. 掌握触电急救的方法和现场急救的注意事项。
4. 掌握触电急救过程中的再判定、伤员的移动及伤员好转后的处理方法。
5. 掌握在电杆上或高处触电急救的方法。
6. 掌握外伤救护的方法。</td></tr>
<tr><td>教学重、难点及解决方法</td><td colspan="5">重点：触电急救的方法。
难点：触电急救的实施方法。
解决方法：通过播放使触电者脱离电源的方法、触电急救的方法和现场急救的案例视频（或动画演示），结合教师演示和学生实际操作，解决教学的重点和难点问题。</td></tr>
<tr><td>授课教具</td><td colspan="5">多媒体教学设备、模拟人装置、一次性消毒面膜或纱布、医用酒精等。</td></tr>
<tr><td>授课方法</td><td colspan="5">讲授法、多媒体教学法、案例教学法、情境教学法。</td></tr>
<tr><td>教学思路和建议</td><td colspan="5">为了增加本节知识的趣味性，可播放动画帮助学生认知（动画演示中声像并茂，直观易懂）；也可利用多媒体课件演示。
在讲授触电急救知识时，通过教师操作演示和学生扮演触电者的方式，引导学生掌握相关的急救方法。</td></tr>
<tr><td>审批意见</td><td colspan="5">签字：
年 月 日</td></tr>
</table>

教学活动		
教学过程与内容	教师活动	学生活动
【组织教学】 1. 巡查教学环境。 2. 督促学生将手机关机，集中放入手机袋，统一保管。 3. 指导学生自查课堂教学材料的准备情况。 4. 发放习题册或作业本。	督促学生完成课前准备。（课前 2 min 内）	按要求完成课前准备。
【复习提问】 1. 什么是电击？什么是电伤？如何区分电击和电伤？ 2. 发生触电事故的主要原因有哪些？ 3. 触电事故的发生有什么规律？	提出问题，学生作答后点评。（5 min）	思考并回答问题。
【教学引入】 当发现有人触电时，周围人员应如何处理？应采用什么方法和措施进行正确的救护？		
【讲授新课】 **一、触电急救的要点** 触电急救的要点是抢救迅速和救护得法。一旦发现有人触电，应迅速拉闸断电，尽快使其脱离电源。 **二、解救触电者脱离电源的方法** 触电急救的第一步是解救触电者迅速脱离电源。	利用 PPT 授课 1。（35 min） 通过案例教学，让学生对触电急救的要点和解救触电者迅速脱离电源有直观的认识，强调安全操作、抢救迅速和救护得法、简单诊断的必要性。	听讲，做笔记。 讨论案例，并提炼知识。对新知识进行必要的记录。
三、触电急救的方法 1. 简单诊断 2. 心肺复苏 心肺复苏的黄金时间为 4 ~ 6 min。心肺复苏的关键步骤是胸外心脏按压、开放气道和口对口人工呼吸。	利用 PPT 授课 2。（35 min） 通过案例教学、情境教学，让学生对触电急救方法有规范的认知；强调简单诊断、心肺复苏和现场急救步骤的正确性，让学生对触电急救	参与角色扮演，对简单诊断、心肺复苏和现场急救、触电急救过程中再判定、外

教学活动		
教学过程与内容	教师活动	学生活动
四、现场急救的注意事项 1. 对触电者用药或注射针剂，应由有经验的医生诊断确定，并慎重使用。 2. 心肺复苏应在现场就地进行，不要随意移动伤员，若确实需要移动时，抢救中断时间不应超过 30 s。 3. 移动伤员或将伤员送往医院时，应使伤员平躺在担架上，并在其背部垫以平硬的木板。移动或送医院过程中应继续抢救，对心跳、呼吸停止者要继续用心肺复苏法抢救。 4. 应尽量创造条件，使用塑料袋装入砸碎了的冰屑做成帽状或冰袋包绕在伤员头部，使脑部温度降低，争取心肺脑完全复苏。 **五、触电急救过程中的再判定、伤员的移动及伤员好转后的处理** 1. 再判定 2. 伤员的移动 3. 伤员好转后的处理 **六、在电杆上或高处触电急救** 1. 救护人员登高时，应携带必要的工具及绳索等，并紧急呼救。 2. 救护人员应在确认触电者已与电源隔离，且救护人员本身所涉及的环境安全距离内无危险电源时，方能接触伤员进行抢救，并防止发生高空坠落。 3. 高处抢救的方法。 **七、外伤救护**	过程中再判定、伤员的移动及伤员好转后的处理、高处触电急救、外伤救护等有规范的认知。 做好教学准备工作，包括检查教学设备和模拟人装置运行是否正常，备齐耗材。	伤救护等进行认知。

教学活动		
教学过程与内容	教师活动	学生活动
【课堂小结】 1. 触电急救的要点。 2. 解救触电者脱离电源的方法。 3. 触电急救的方法。	可结合拓展知识介绍，提高学生对触电急救知识的认知，提升学生触电急救的操作本领。（3 min）	
【课后作业】 布置本次课的作业并提出要求。	布置本次课的作业，提醒注意事项。（2 min）	对照习题册中的问题进行咨询。

第二章
安全防护技术及其应用

§2-1 屏护、间距及安全标志

<table>
<tr><th colspan="5">教案首页</th></tr>
<tr><td>序号</td><td>1</td><td>名称</td><td colspan="2">屏护、间距及安全标志</td></tr>
<tr><td colspan="3">授课班级</td><td>授课日期</td><td>授课时数</td></tr>
<tr><td colspan="3"></td><td>年　月　日</td><td>2课时</td></tr>
<tr><td>教学目标</td><td colspan="4">1. 了解屏护的概念、分类，掌握屏护装置的安全条件。
2. 熟悉间距的概念、线路和装置的最小安全距离。
3. 熟悉安全标志的分类和含义，能识别安全标志。</td></tr>
<tr><td>教学重、难点及解决方法</td><td colspan="4">重点：1. 常见的屏护装置及在各场合下间距的设定标准。
2. 安全标志的分类和含义。
难点：不同线路和装置的最小安全距离。
解决方法：采用多媒体演示、学生小组讨论的方法，解决教学的重点。针对教学难点，通过多媒体演示各场合的安全距离，同时结合相关标准进行讲解。</td></tr>
<tr><td>授课教具</td><td colspan="4">多媒体教学设备、不同类型的电气安全标志牌。</td></tr>
<tr><td>授课方法</td><td colspan="4">讲授法、讨论法、多媒体教学法。</td></tr>
<tr><td>教学思路和建议</td><td colspan="4">本节的教学重点之一是安全标志的分类和含义，要求学生熟悉安全标志的类型以及各个标志的含义，通过组织识读安全标志的趣味抢答活动，寓教于乐，激发学生的学习兴趣。
可根据不同专业、年级、学生的具体情况，适当调整教学内容，以保证较好的教学效果。</td></tr>
<tr><td>审批意见</td><td colspan="4">签字：
年　月　日</td></tr>
</table>

教学活动		
教学过程与教学内容	教师活动	学生活动
【组织教学】 1. 巡查教学环境。 2. 督促学生将手机关机，集中放入手机袋，统一保管。 3. 指导学生自查课堂教学材料的准备情况。 4. 发放习题册或作业本。	督促学生完成课前准备。（课前 2 min 内）	按要求完成课前准备。
【复习提问】 1. 触电急救的要点是什么？ 2. 触电急救的方法是什么？ 3. 现场急救的注意事项有哪些？	提出问题，分别让 3 位学生作答。（3 min）	思考并回答问题。
【教学引入】 设置屏护和间距是最常用的电气安全措施之一。屏护和间距可以防止人体与带电部分直接接触，从而防止电击。此外，屏护和间距也可以防止短路、故障接地等电气事故的发生。	播放因防护措施不当而发生事故的案例短片，导入新课。（3 min）	思考常见的电气安全防护措施有哪些，举例说明。
【讲授新课】 **一、屏护** 屏护是采用遮栏、栅栏、护罩、护盖等设施把危险的带电体同外界隔离开来的安全防护措施。 1. 屏护的特点 2. 屏护的分类 3. 常见的屏护装置 4. 保证屏护装置有效性的条件	利用 PPT 授课。（10 min） 通过常见屏护装置的讲解，引导学生讨论分析并得出保证屏护装置有效性的条件。	听讲，做笔记，了解常见的屏护装置，讨论分析并总结保证屏护装置有效性的条件。
二、间距 间距是指带电体与地面之间、带电体与其他设备和设施之间、带电体与带电体之间必要的安全距离。其距离的大小取决于电压高低、设备类型、	扫描书中二维码，投屏观看短视频，引出间距。（4 min） 利用 PPT 授课。（20 min） 结合多媒体动画讲解间距的概念、作用。	观看短视频。

教学活动		
教学过程与教学内容	教师活动	学生活动
安装方式和周围环境等。间距的作用是防止触电、火灾、过电压放电与各种短路事故，以及方便操作。		
1. 线路安全距离 （1）架空线路 （2）电缆线路 （3）室内低压线路 2. 配电装置安全距离 （1）10 kV 及以下变电所室内外配电装置的最小安全距离 （2）10 kV 高压配电室内各种通道的最小宽度 （3）低压配电屏前、后通道的最小宽度	提问，让学生讨论回答如何设定安全距离；根据相关标准讲解线路安全距离以及配电装置安全距离。	回答问题，并带着问题听教师讲解。
三、安全标志 安全标志是通过颜色与几何形状的组合表达通用的安全信息，并且通过附加图形符号表达特定安全信息的标志。	提问，让学生回答生活中常见的安全标志有哪些。	回答问题。
1. 安全色及其含义	利用 PPT 授课。（25 min）	
2. 导体色标 3. 电气安全标志的构成及分类 （1）禁止标志 （2）警告标志 （3）指令标志 （4）提示标志 （5）辅助标志	组织学生参与讨论，讲解安全色及其含义、导体色标、电气安全标志的构成及分类。	积极参与讨论，并识记《电气安全标志》（GB/T 29481—2013）中常见的安全标志。
4. 安全标志牌 设计识读安全标志的趣味抢答活动。	组织学生分组，做好裁判工作。（5 min）	按小组抢答问题。

教 学 活 动		
教学过程与教学内容	教师活动	学生活动
【课堂小结】 1. 屏护的概念、特点及分类。 2. 常见的屏护装置。 3、保证屏护装置有效性的条件。 4. 间距的概念、作用。 5. 安全距离的设定。 6. 线路安全距离以及配电装置安全距离。 7. 安全色及其含义、导体色标。 8. 电气安全标志的构成及分类。	简明扼要回顾本次课所学的知识要点，突出本次课的知识重点和难点。（5 min）	听讲，做笔记，有问题可以现场提问。
【课后作业】 1. 上节课作业的点评。 2. 布置本次课的作业并提出要求。	点评上节课的作业，着重点评共性的问题。 布置本次课的作业，提醒注意事项。（5 min）	对照习题册中的问题进行咨询。

§2-2　绝缘防护

<table>
<tr><th colspan="5">教案首页</th></tr>
<tr><td>序号</td><td>2</td><td>名称</td><td colspan="2">绝缘防护</td></tr>
<tr><td colspan="3">授课班级</td><td>授课日期</td><td>授课时数</td></tr>
<tr><td colspan="3"></td><td>年　月　日</td><td>1课时</td></tr>
<tr><td>教学目标</td><td colspan="4">1. 理解绝缘防护的概念和方法。
2. 熟悉电气性能与耐热性。
3. 熟悉绝缘事故产生的原因和预防措施。</td></tr>
<tr><td>教学重、难点及解决方法</td><td colspan="4">重点：绝缘事故产生的原因和预防措施。
难点：常见绝缘材料的绝缘性能。
解决方法：采用多媒体结合实物以及学生小组讨论的方法解决教学的重点。针对教学难点，以几种常用绝缘胶带实物做对比（如PVC胶带、防水绝缘胶带等），给学生介绍各自的性能特点（黏性、抗老化性、耐油性等）、使用方法以及适用场合。</td></tr>
<tr><td>授课教具</td><td colspan="4">几种常用绝缘胶带、常用电工工具以及多媒体教学设备等。</td></tr>
<tr><td>授课方法</td><td colspan="4">讲授法、讨论法、多媒体教学法、直观演示法。</td></tr>
<tr><td>教学思路和建议</td><td colspan="4">本节的教学难点是常见绝缘材料的绝缘性能，通过几种常用绝缘胶带的实物对比，说明各自的性能特点、绝缘防护的重要性，或以常用的电工工具为例，说明工具绝缘手柄的日常维护和使用前的安全检查要点。在完成本节内容的同时，让学生树立安全意识。
可以根据班级学生的具体情况，适当增减实物个数，以保证较好的教学效果。</td></tr>
<tr><td>审批意见</td><td colspan="4">

签字：
年　月　日</td></tr>
</table>

<table>
<tr><th colspan="3">教 学 活 动</th></tr>
<tr><th>教学过程与教学内容</th><th>教师活动</th><th>学生活动</th></tr>
<tr><td>【组织教学】
1. 巡查教学环境。
2. 督促学生将手机关机，集中放入手机袋，统一保管。
3. 指导学生自查课堂教学材料的准备情况。
4. 发放习题册或作业本。</td><td>督促学生完成课前准备。（课前 2 min 内）</td><td>按要求完成课前准备。</td></tr>
<tr><td>【复习提问】
1. 保证屏护装置有效性的条件有哪些?
2. 如何设定安全距离?
3. 电气安全标志由哪几部分构成?如何分类?</td><td>提出问题，分别让 3 位学生作答。（3 min）</td><td>思考并回答问题。</td></tr>
<tr><td>【教学引入】
为了避免因带电体与其他带电体、导电体或人体等接触而发生短路、触电等事故，必须将带电体绝缘。</td><td>让学生举例说明。（2 min）</td><td>举例生活中常见的绝缘防护。</td></tr>
<tr><td>【讲授新课】
绝缘是指使用不导电的物质将带电体隔离或包裹起来，以对触电起保护作用的一种安全措施。
绝缘通常可分为气体绝缘、液体绝缘和固体绝缘三类。由于气体绝缘和液体绝缘都不能阻挡人体的触及，所以只在特定场合下应用。电气绝缘一般都采用固体绝缘。
一、绝缘防护
绝缘防护是最基本的安全防护措施之一。绝缘材料是用于阻止导电元件之间电传导的材料。
1. 概念
绝缘防护是指使用绝缘材料将带电</td><td>利用 PPT 结合实物授课。（20 min）
以几种常用绝缘胶带实物做对比（如 PVC 胶带、防水绝缘胶带等），给学生介绍它们的性能特点（黏性、抗老化性、耐油性等）、使用方法以及适用场合。也可以学生常用的电工工具为例，说明绝缘防护的重要性以及工具绝缘手柄的日常维护和使用前的安全检查要点。</td><td>听讲，做笔记，观看教师的实物演示，加深对知识点的认识。</td></tr>
</table>

教学活动		
教学过程与教学内容	教师活动	学生活动
导体封护或与人体隔离，使电气设备及线路正常工作，以防止人身触电事故的发生。 2. 绝缘防护实例 **二、绝缘性能** 绝缘材料所具备的绝缘性能一般是指其承受的电压在一定范围内所具备的性能。 1. 电气性能 2. 耐热性		
三、绝缘事故产生的原因和预防措施 1. 绝缘事故产生的原因 2. 预防绝缘事故的措施	组织学生讨论、分析绝缘事故产生的原因和预防措施。（10 min）	讨论、分析并总结绝缘事故产生的原因和预防措施。
【课堂小结】 1. 绝缘防护的概念和方法。 2. 电气性能与耐热性。 3. 绝缘事故产生的原因和预防措施。	简明扼要回顾本次课所学的知识要点，突出本次课的重点和难点。（3 min）	听讲，做笔记，有问题可以现场提问。
【课后作业】 1. 上节课作业的点评。 2. 布置本次课的作业并提出要求。	点评上节课的作业，着重点评共性的问题。 布置本次课的作业，提醒注意事项。（2 min）	对照习题册中的问题进行咨询。

§2-3 保护接地

<table>
<tr><th colspan="5">教 案 首 页</th></tr>
<tr><td>序号</td><td>3</td><td>章节名称</td><td colspan="2">保护接地</td></tr>
<tr><td colspan="3">授课班级</td><td>授课日期</td><td>授课时数</td></tr>
<tr><td colspan="3"></td><td>年 月 日</td><td>1课时</td></tr>
<tr><td>教学目标</td><td colspan="4">1. 了解接地的基本概念。
2. 熟悉保护接地的原理及应用。
3. 掌握接地电阻的选取原则。</td></tr>
<tr><td>教学重、难点及解决方法</td><td colspan="4">重点：1. 保护接地的原理及应用。
2. 接地电阻的计算。
难点：接地电阻的计算。
解决方法：通过列举生活中的实例（哪些家用电器的插头是带保护接地的？）讲解保护接地，解决教学的重点。针对教学难点，讲解接地电阻的计算方法，并增加接地电阻求解的实例，要求学生运用公式计算接地电阻，起到教学做一体的效果。</td></tr>
<tr><td>授课教具</td><td colspan="4">多媒体教学设备。</td></tr>
<tr><td>授课方法</td><td colspan="4">讲授法、练习法、多媒体教学法。</td></tr>
<tr><td>教学思路和建议</td><td colspan="4">本节的教学重点之一是保护接地的原理及应用，原理比较枯燥，为了提高学生的学习兴趣，通过举例的方式让学生更好地理解、接受这部分内容，以保证较好的教学效果。</td></tr>
<tr><td>审批意见</td><td colspan="4">签字：
年 月 日</td></tr>
</table>

教学活动		
教学过程与教学内容	教师活动	学生活动
【组织教学】 1. 巡查教学环境。 2. 督促学生将手机关机，集中放入手机袋，统一保管。 3. 指导学生自查课堂教学材料的准备情况。 4. 发放习题册或作业本。	督促学生完成课前准备。（课前 2 min 内）	按要求完成课前准备。
【复习提问】 1. 绝缘防护的概念是什么？有哪些绝缘防护方法？ 2. 绝缘材料电气性能的好坏与哪些因素有关？ 3. 绝缘事故产生的原因是什么？有哪些预防措施？	提出问题，分别让 3 位学生作答。（3 min）	思考并回答问题。
【教学引入】 保护接地是应用最广泛的安全措施之一，不论是交流设备还是直流设备，不论是高压设备还是低压设备，都采用保护接地作为必须的安全技术措施。	让学生举例说明。（2 min）	举例常见的保护接地设备。
【讲授新课】 **一、接地的基本概念** 接地是指将设备的某一部位经接地装置与大地紧密连接起来。 根据接地的目的不同，接地可分为工作接地、保护接地、重复接地和防雷接地等。 **二、保护接地的原理及应用** 1. 保护接地的原理 2. 保护接地的应用实例	利用 PPT 授课。（20 min） 让学生回答哪些家用电器的插头是带保护接地的？为什么？接地插头三个电极的长度为什么不一样？	听讲，做笔记，回答教师提问，以便于更好地理解保护接地。

教学活动		
教学过程与教学内容	教师活动	学生活动
三、接地电阻 1. 低压设备的接地电阻 2. 高压设备的接地电阻 增加求解接地电阻的实例。	讲解接地电阻的计算方法并自行计算接地电阻，达到教学做一体的效果，注意提醒学生查看安全提示。（10 min）	听讲，学习接地电阻的计算方法，并运用公式计算接地电阻。
【课堂小结】 1. 接地的概念。 2. 保护接地的原理及应用。 3. 接地电阻的概念和计算方法。	简明扼要回顾本次课所学的知识要点，突出本次课的重点和难点。（3 min）	听讲，做笔记，有问题可以现场提问。
【课后作业】 1. 上节课作业的点评。 2. 布置本次课的作业并提出要求。	点评上节课的作业，着重点评共性的问题。 布置本次课的作业，提醒注意事项。（2 min）	对照习题册中的问题进行咨询。

§2-4　保护接零和重复接地

<table>
<tr><td colspan="5">教 案 首 页</td></tr>
<tr><td>序号</td><td>4</td><td>名称</td><td colspan="2">保护接零和重复接地</td></tr>
<tr><td colspan="3">授课班级</td><td>授课日期</td><td>授课时数</td></tr>
<tr><td colspan="3"></td><td>年　月　日</td><td>2 课时</td></tr>
<tr><td>教学目标</td><td colspan="4">1. 熟悉 TN 系统的安全原理及类别。
2. 掌握保护接零的应用范围。
3. 掌握重复接地的作用和要求。</td></tr>
<tr><td>教学重、难点及解决方法</td><td colspan="4">重点：1. 保护接零的应用范围。
2. 重复接地的作用及要求。
难点：保护接地和保护接零的区别。
解决方法：采用多媒体演示、引导学生对比总结的学习方法，解决教学的重点。针对教学难点，将保护接地和保护接零做对比，让学生思考哪些情况适合用接地，哪些情况适合用接零。</td></tr>
<tr><td>授课教具</td><td colspan="4">多媒体教学设备。</td></tr>
<tr><td>授课方法</td><td colspan="4">讲授法、多媒体教学法、讨论法、案例分析法。</td></tr>
<tr><td>教学思路和建议</td><td colspan="4">本节的教学重点之一是重复接地的作用及要求，在重复接地的作用中，教材中有重复接地和无重复接地情况对比，通过对比更便于总结重复接地的作用，但是仍然是理论讲解。可准备相关案例视频，通过视频讲解加深学生对知识的掌握，教学效果更好。</td></tr>
<tr><td>审批意见</td><td colspan="4">签字：
年　月　日</td></tr>
</table>

教学活动		
教学过程与教学内容	教师活动	学生活动
【组织教学】 1. 巡查教学环境。 2. 督促学生将手机关机，集中放入手机袋，统一保管。 3. 指导学生自查课堂教学材料的准备情况。 4. 发放习题册或作业本。	督促学生完成课前准备。（课前 2 min 内）	按要求完成课前准备。
【复习提问】 1. 接地有哪些分类? 2. 保护接地的原理是什么? 3. 接地电阻的计算方法是什么?	提出问题，分别让 3 位学生作答。（5 min）	思考并回答问题。
【教学引入】 由于保护接零和保护接地都是防止间接接触电击的安全措施，做法上有一些相似之处，因此没有严格区分这两种措施。保护接零有利于明确区分不接地配电网中的保护接地，还有利于区分工作零线和保护零线，有其独特的科学性。	让学生思考低压配电接地系统有哪几种。（5 min）	举例说明低压配电接地系统的种类。
【讲授新课】 **一、TN 系统的安全原理及类别** TN 系统中的字母 N 表示电气设备在正常情况下不带电的金属部分与配电网中性点之间金属性的连接。亦即与配电网保护零线（保护导体）的紧密连接，这种做法就是保护接零。或者说 TN 系统就是配电网低压中性点直接接地、电气设备接零的保护接零系统。 1. 保护接零的原理 2. 保护接零的分类	利用 PPT 授课。（30 min） 引导学生将保护接地和保护接零做一下对比，如基本原理、工作特点、应用场合等，让学生思考哪些情况适合用接地，哪些情况适合用接零。	听讲，做笔记，思考并回答问题。

教学活动		
教学过程与教学内容	教师活动	学生活动
二、保护接零的应用范围 **三、重复接地** 重复接地是提高TN系统安全性能的重要措施。 1. 重复接地的作用 （1）减轻零线断开或接触不良时电击的危险性 （2）降低漏电设备的对地电压 （3）缩短漏电故障持续时间 （4）改善架空线路的防雷性能 2. 重复接地的要求	讲解重复接地的作用及要求，将无重复接地和有重复接地进行对比，讲解其作用。（20 min）	听讲，做笔记。
案例： 无保护接地或接零措施导致的触电死亡事故。 陈某上班后清理场地，由于电焊机绝缘损坏，使其外壳带电，导致与其在电气上连成一体的工作台也带电，当陈某将焊接好的钢模板卸下来时，手与工作台接触，即发生触电事故，经抢救无效死亡。 事故原因分析、事故教训及防范措施。	引用案例，通过分析案例巩固理论知识。（10 min）	讨论分析案例，强化理论知识。
【课堂小结】 1. 保护接零的原理、分类及应用范围。 2. 重复接地的作用和要求。	简明扼要回顾本次课所学的知识要点，突出本次课的重点和难点。（5 min）	听讲，做笔记，有问题可以现场提问。
【课后作业】 1. 上节课作业的点评。 2. 布置本次课的作业并提出要求。	点评上节课的作业，着重点评共性的问题。 布置本次课的作业，提醒注意事项。（5 min）	对照习题册中的问题进行咨询。

§2-5 接地装置

<table>
<tr><td colspan="6">教 案 首 页</td></tr>
<tr><td>序号</td><td>5</td><td>名称</td><td colspan="3">接地装置</td></tr>
<tr><td colspan="3">授课班级</td><td colspan="2">授课日期</td><td>授课时数</td></tr>
<tr><td colspan="3"></td><td colspan="2">年 月 日</td><td>1课时</td></tr>
<tr><td>教学目标</td><td colspan="5">1. 了解常用的接地装置。
2. 能对接地装置进行检查和维护。</td></tr>
<tr><td>教学重、难点及解决方法</td><td colspan="5">重点：对接地装置进行检查和维护。
难点：对接地装置进行检查和维护。
解决方法：采用多媒体以及学生小组讨论的方法解决教学的重点。针对教学难点，通过观看相关视频，加深学生对知识的理解和认识。</td></tr>
<tr><td>授课教具</td><td colspan="5">多媒体教学设备。</td></tr>
<tr><td>授课方法</td><td colspan="5">讲授法、讨论法、多媒体教学法。</td></tr>
<tr><td>教学思路和建议</td><td colspan="5">本节的教学重点是对接地装置进行检查和维护，虽然通过相关视频可以加深对理论知识的认识，但是并没有实际操作，如果条件允许，可设置参观教学环节，带领学生参观学习接地装置的检查和维护工作，以保证较好的教学效果。</td></tr>
<tr><td>审批意见</td><td colspan="5">签字：
年 月 日</td></tr>
</table>

教学活动		
教学过程与教学内容	教师活动	学生活动
【组织教学】 1. 巡查教学环境。 2. 督促学生将手机关机，集中放入手机袋，统一保管。 3. 指导学生自查课堂教学材料的准备情况。 4. 发放习题册或作业本。	督促学生完成课前准备。（课前 2 min 内）	按要求完成课前准备。
【复习提问】 1. 保护接零的原理是什么？有哪些分类？ 2. 保护接零的应用范围是什么？ 3. 重复接地的作用是什么？有哪些要求？	提出问题，分别让 3 位学生作答。（3 min）	思考并回答问题。
【教学引入】 接地装置是接地体（极）和接地线的总称。运行中电气设备的接地装置应当始终保持良好的状态。	让学生举例说明。（2 min）	思考并列举知道的接地装置。
【讲授新课】 **一、接地体** 接地体分为自然接地体和人工接地体两种。 1. 自然接地体 自然接地体是指兼有接地功能，但不是为此目的而专门设置的，且与土壤保持紧密接触的金属导体。 2. 人工接地体 人工接地体可采用钢管、角钢、圆钢或废钢铁等制成。 **二、接地线** 交流电气设备应优先利用自然导体作接地线。在没有爆炸危险的环境	利用 PPT 授课。（20 min） 可以引入等电位的概念，介绍什么是“法拉第笼”，让学生了解楼房等电位联结的原理，家庭用电器及浴室金属构件如何做等电位联结。	听讲，做笔记，回答教师提问，加深对知识点的理解。

教学活动		
教学过程与教学内容	教师活动	学生活动
中，如自然接地线有足够的截面积，可不再另行敷设人工接地线。如果车间电气设备较多，应敷设接地干线。 各电气设备的外壳分别与接地干线连接，而接地干线经两条连接线与接地体连接；各电气设备的接地支线应单独与接地干线或接地体相连，不能串联连接。 **三、接地装置的检查和维护** 1. 对接地装置进行定期检查的主要工作内容 2. 对接地装置进行维护的情况 **知识拓展** 接地装置定期检查的周期。	观看相关视频，组织学生讨论对接地装置的检查和维护。（10 min）	讨论分析并总结接地装置的检查和维护要点。
【课堂小结】 1. 接地装置的概念。 2. 等电位的概念。 3. 接地装置的检查和维护。	简明扼要回顾本次课所学的知识要点，突出本次课的重点和难点。（3 min）	听讲，做笔记，有问题可以现场提问。
【课后作业】 1. 上节课作业的点评。 2. 布置本次课的作业并提出要求。	点评上节课的作业，着重点评共性的问题。 布置本次课的作业，提醒注意事项。（2 min）	对照习题册中的问题进行咨询。

§2-6　漏电保护装置

<table>
<tr><td colspan="5">教 案 首 页</td></tr>
<tr><td>序号</td><td>6</td><td>名称</td><td colspan="2">漏电保护装置</td></tr>
<tr><td colspan="3">授课班级</td><td>授课日期</td><td>授课时数</td></tr>
<tr><td colspan="3"></td><td>年　月　日</td><td>2课时</td></tr>
<tr><td>教学目标</td><td colspan="4">1. 了解漏电保护的作用。
2. 熟悉常见的漏电保护装置。
3. 能正确选用、安装与维护漏电保护装置。
4. 了解漏电保护装置的误动作和拒动作。
5. 熟悉漏电保护器的常见类型。
6. 掌握漏电保护器的保护原理，并能正确选用漏电保护器。</td></tr>
<tr><td>教学重、难点及解决方法</td><td colspan="4">重点：1. 漏电保护装置的选用、安装及维护。
2. 漏电保护器的保护原理及选用。
难点：漏电保护装置的选用、安装及维护。
解决方法：采用实物讲解漏电断路器和普通低压断路器的相同点和不同点，漏电保护和接地保护的相同点和不同点，解决教学的重点。针对教学难点，运用实物演示漏电断路器接线和使用时的注意事项（包括试验按钮、复位按钮的作用及使用方法）。</td></tr>
<tr><td>授课教具</td><td colspan="4">漏电断路器、普通断路器及多媒体教学设备等。</td></tr>
<tr><td>授课方法</td><td colspan="4">讲授法、讨论法、多媒体教学法、直观演示法。</td></tr>
<tr><td>教学思路和建议</td><td colspan="4">本节的教学重点之一是漏电保护装置的选用、安装及维护，虽然通过实物演示了漏电断路器接线和使用时的注意事项，但是并没有实际操作，设置漏电保护器的使用实训，会使教学效果更好。</td></tr>
<tr><td>审批意见</td><td colspan="4">签字：
年　月　日</td></tr>
</table>

教学活动		
教学过程与教学内容	教师活动	学生活动
【组织教学】 1. 巡查教学环境。 2. 督促学生将手机关机，集中放入手机袋，统一保管。 3. 指导学生自查课堂教学材料的准备情况。 4. 发放习题册或作业本。	督促学生完成课前准备。（课前 2 min 内）	按要求完成课前准备。
【复习提问】 1. 什么是接地装置？ 2. 什么是等电位？ 3. 接地装置的检查和维护要点有哪些？	提出问题，分别让 3 位学生作答。（5 min）	思考并回答问题。
【教学引入】 家用电器常用的保护措施有哪些？是否认识漏电保护器？	让学生举例说明。（5 min）	思考并列举家用电器常用的保护措施。
【讲授新课】 **一、漏电保护** 1. 漏电保护的概念 漏电保护是电网的漏电电流超过某一设定值时，能自动切断电源或发出报警信号的一种安全保护措施。 2. 漏电保护的作用	利用 PPT 结合实物授课。（20 min） 以实物讲解漏电断路器和普通低压断路器的相同点和不同点；漏电保护和接地保护的相同点和不同点。	听讲，做笔记，回答教师提问，观看教师的实物演示，加深对知识点的理解。
二、漏电保护装置 漏电保护装置是一种在规定条件下，当漏电电流达到或超过给定值时，能自动断开电路的机械开关电器或组合电器。 列举常见的漏电保护装置。 1. 漏电保护装置的选用 2. 漏电保护装置的安装	运用实物演示漏电断路器接线和使用时的注意事项（包括试验按钮、复位按钮的作用及使用方法）。（20 min）	观看教师的实物演示。

教学活动		
教学过程与教学内容	教师活动	学生活动
3. 漏电保护装置的维护 4. 漏电保护装置的误动作和拒动作 **三、漏电保护器** 漏电保护器用于对低压电网直接触电和间接触电进行有效保护，也可以作为三相电动机的缺相保护。它有单相和三相之分。 1. 按工作原理分类 2. 按功能分类 3. 漏电保护器的参数 4. 漏电保护器的选择	引导学生讨论漏电保护器跳闸的原因（短路还是漏电）等，同时让学生思考为什么家用漏电断路器漏电动作电流设置为 30 mA。（20 min）	讨论分析漏电保护器跳闸的原因，回答问题。
【课堂小结】 1. 漏电保护的概念。 2. 漏电保护装置的选用、安装。 3. 漏电保护器的保护原理和选用原则。	简明扼要回顾本次课所学的知识要点，突出本次课的知识重点和难点。（5 min）	听讲，做笔记，有问题可以现场提问。
【课后作业】 1. 上节课作业的点评。 2. 布置本次课的作业并提出要求。	点评上节课的作业，着重点评共性的问题。 布置本次课的作业，提醒注意事项。（5 min）	对照习题册中的问题进行咨询。

§2-7 过电压及其防护

教案首页				
序号	7	名称	过电压及其防护	
授课班级		授课日期		授课时数
		年 月 日		2课时
教学目标	1. 熟悉外部过电压及其防护。 2. 熟悉内部过电压及其防护。			
教学重、难点及解决方法	重点：1. 雷击防护的基本原理及常见防雷装置。 2. 人身防雷常识。 难点：雷击防护的基本原理及常见防雷装置。 解决方法：采用案例分析法解决教学的重点。针对教学难点，运用多媒体演示常用的防雷装置及其主要应用，加深学生对知识的理解，并要求学生熟记人身防雷常识。			
授课教具	多媒体教学设备。			
授课方法	讲授法、多媒体教学法、讨论法、案例分析法。			
教学思路和建议	本节的教学重点是雷击防护的基本原理、常见防雷装置及人身防雷常识，虽然通过案例分析了雷击设备的事故原因及防范措施，但是对人身防雷常识仍然需要学生识记。			
审批意见	签字： 年 月 日			

教学活动		
教学过程与教学内容	教师活动	学生活动
【组织教学】 1. 巡查教学环境。 2. 督促学生将手机关机，集中放入手机袋，统一保管。 3. 指导学生自查课堂教学材料的准备情况。 4. 发放习题册或作业本。	督促学生完成课前准备。（课前 2 min 内）	按要求完成课前准备。
【复习提问】 1. 什么是漏电保护? 2. 如何选用漏电保护装置? 3. 漏电保护器的保护原理和选用原则是什么?	提出问题，分别让 3 位学生作答。（3 min）	思考并回答问题。
【教学引入】 雷击造成严重的设备损坏事故：某广播电视台的 VHF 1 kW 全固态发射机等设备被雷击破坏，随即全县的电视信号中断。经过检查，受损设备和零部件有发射机（三台）、微机控制无触点稳压器（一台）、编辑器（一台）、调频机（两台）的电源部分及功放部分等，直接经济损失约 8 万元。	以案例形式引出新课，引导学生带着问题学习新知识。（5 min）	思考并分析雷击灾害事故及防范措施。
【讲授新课】 过电压是指超过规定限值的电压。高于正常对地峰值电压（对应于最高系统电压），以峰值电压表示的对地电压称为对地过电压。 **一、外部过电压及其防护** 外部过电压主要是指雷击过电压，雷击过电压是由雷云对地放电引起的，可用专用的防雷装置预防。 1. 雷击防护的基本原理	利用 PPT 结合案例授课。（30 min） 雷电防护与接地装置内容有关联部分，现代楼房的防雷装置和保护接地装置是一体的，即等电位联结。要求学生熟记人身户外防雷击的知识。	听讲，做笔记，加深对防雷击知识的理解。

教学活动		
教学过程与教学内容	教师活动	学生活动
2. 防雷装置 （1）常用的防雷装置 （2）防雷装置的安装要求 （3）接地体 3. 人身防雷常识 **二、内部过电压及其防护** 1. 击穿熔断器 2. 过电压保护器 回顾课前案例：雷击造成严重的设备损坏事故，分析事故原因及防范措施。	引导学生讨论并分析雷击设备的事故原因及防范措施。（35 min）	讨论并分析雷击设备的事故原因，回答问题。
【课堂小结】 1. 雷击防护的基本原理。 2. 人身防雷常识。 3. 内部过电压及其防护。	简明扼要回顾本次课所学的知识要点，突出本次课的重点和难点。（2 min）	听讲，做笔记，有问题可以现场提问。
【课后作业】 1. 上节课作业的点评。 2. 布置本次课的作业并提出要求。	点评上节课的作业，着重点评共性的问题。 布置本次课的作业，提醒注意事项。（5 min）	对照习题册中的问题进行咨询。

§2-8 电气防火与防爆

<table>
<tr><td colspan="5">教 案 首 页</td></tr>
<tr><td>序号</td><td>8</td><td>名称</td><td colspan="2">电气防火与防爆</td></tr>
<tr><td colspan="3">授课班级</td><td>授课日期</td><td>授课时数</td></tr>
<tr><td colspan="3"></td><td>年 月 日</td><td>2课时</td></tr>
<tr><td>教学目标</td><td colspan="4">1. 了解消防的基本概念。
2. 了解引发电气火灾的主要原因。
3. 掌握电气防火与防爆措施。
4. 熟悉常用的电气灭火方法。
5. 了解自动喷水灭火系统的类型、组成、原理及特点。</td></tr>
<tr><td>教学重、难点及解决方法</td><td colspan="4">重点：1. 电气防火与防爆措施。
2. 常用的电气灭火方法。
3. 发生火灾时的逃生技巧。
难点：常用的电气灭火方法。
解决方法：采用情境教学以及实物演示方法解决教学的重点。针对教学难点，以小型灭火器实物演示灭火器的使用方法，也可以让部分学生自行练习并演示灭火器的使用，采用教学做一体教学模式。</td></tr>
<tr><td>授课教具</td><td colspan="4">小型灭火器及多媒体教学设备等。</td></tr>
<tr><td>授课方法</td><td colspan="4">讲授法、多媒体教学法、讨论法、直观演示法、情境教学法等。</td></tr>
<tr><td>教学思路和建议</td><td colspan="4">本节的教学重点是电气防火与防爆措施、常用的电气灭火方法及发生火灾时的逃生技巧，虽然了解了电气防火与防爆措施，通过实物演示了小型灭火器的使用方法，也让学生实际练习了小型灭火器的使用，但如果真正发生火灾，由于时间紧迫，最重要的是要正确逃生，因此，条件允许的情况下可采用情境教学，组织消防演练。</td></tr>
<tr><td>审批意见</td><td colspan="4">签字：
年 月 日</td></tr>
</table>

教学活动		
教学过程与教学内容	教师活动	学生活动
【组织教学】 1. 巡查教学环境。 2. 督促学生将手机关机，集中放入手机袋，统一保管。 3. 指导学生自查课堂教学材料的准备情况。 4. 发放习题册或作业本。	督促学生完成课前准备。（课前 2 min 内）	按要求完成课前准备。
【复习提问】 1. 常见的防雷装置有哪些？ 2. 人身防雷常识有哪些？ 3. 过电压保护器的特点是什么？	提出问题，分别让 3 位学生作答。（5 min）	思考并回答问题。
【教学引入】 过载、短路、接触不良、电弧火花、漏电、雷电或静电等都能引起火灾。从电气防火角度来看，电气设备质量不高、安装使用不当、保养不良、雷击和静电是造成电气火灾的几个重要原因。	让学生列举造成火灾的常见原因。（5 min）	举例说明。
【讲授新课】 **一、消防的基本概念** 常用的消防术语。 **二、引发电气火灾的主要原因** 引发电气火灾的主要原因和引发方式。 **三、电气防火与防爆措施** 电气火灾和爆炸的防护必须是综合性措施，包括合理选用和正确安装电气设备及电气线路、保持电气设备和电气线路的正常运行、保证必要的防火间距、保持良好的通风、装设良好的保护装置等技术措施。	利用 PPT 授课。（20 min） 在介绍完电气火灾产生的主要原因及如何避免之后，应重点普及火灾发生时如何根据实际情况采取合理的逃生方法。	听讲，做笔记，回答教师提问，加深对知识点的理解。

教学活动		
教学过程与教学内容	教师活动	学生活动
1. 防爆的基本知识 2. 防爆电气设备 3. 爆炸危险环境的电气线路 **四、电气灭火** 1. 触电危险和断电 2. 灭火器的原理、使用方法和适用范围 **五、自动喷水灭火系统**	讲解电气灭火相关知识，并运用小型灭火器实物演示灭火器的使用方法，可以让部分学生自行练习并演示灭火器的使用（采用教学做一体教学模式）。（20 min）	观看教师的实物演示并加以练习，加深对灭火器使用方法的理解。
知识拓展： 发生火灾时的逃生技巧。	引导学生讨论发生火灾时的逃生技巧（条件允许的情况下可采用情境教学，组织消防演练）。（10 min）	讨论并回答问题。
增加电动车预防火灾的知识介绍。	引导学生讨论电动车火灾的危害性、原因和预防措施。（10 min）	讨论并回答问题。
【课堂小结】 1. 引发电气火灾的主要原因。 2. 电气防火与防爆措施。 3. 常用的电气灭火方法。 4. 自动喷水灭火系统。 5. 发生火灾时的逃生技巧。	简明扼要回顾本次课所学的知识要点，突出本次课的重点和难点。（5 min）	听讲，做笔记，有问题可以现场提问。
【课后作业】 1. 上节课作业的点评。 2. 布置本次课的作业并提出要求。	点评上节课的作业，着重点评共性的问题。 布置本次课的作业，提醒注意事项。（5 min）	对照习题册中的问题进行咨询。

§2-9 静电防护

<table>
<tr><td colspan="4">教 案 首 页</td></tr>
<tr><td>序号</td><td>9</td><td>名称</td><td colspan="2">静电防护</td></tr>
<tr><td colspan="3">授课班级</td><td>授课日期</td><td>授课时数</td></tr>
<tr><td colspan="3"></td><td>年 月 日</td><td>1 课时</td></tr>
<tr><td>教学目标</td><td colspan="4">1. 了解静电的产生和危害。
2. 熟悉静电的防护措施。</td></tr>
<tr><td>教学重、难点及解决方法</td><td colspan="4">重点：1. 静电的危害。
2. 静电的防护措施。
难点：静电的防护措施。
解决方法：采用多媒体演示、学生小组讨论的方法解决教学的重点。针对教学难点，引导学生了解日常生活中静电的类型和消除方法，再延伸至教材中的工业生产及交通运输过程中静电的消除方法。</td></tr>
<tr><td>授课教具</td><td colspan="4">多媒体教学设备。</td></tr>
<tr><td>授课方法</td><td colspan="4">讲授法、多媒体教学法、讨论法。</td></tr>
<tr><td>教学思路和建议</td><td colspan="4">本节的教学重点之一是静电的防护措施，引导学生了解日常生活中静电的类型和消除方法，并以工业生产及交通运输过程中静电的消除方法为例深入讲解，以保证较好的教学效果。</td></tr>
<tr><td>审批意见</td><td colspan="4">签字：
年 月 日</td></tr>
</table>

教学活动		
教学过程与教学内容	教师活动	学生活动
【组织教学】 1. 巡查教学环境。 2. 督促学生将手机关机，集中放入手机袋，统一保管。 3. 指导学生自查课堂教学材料的准备情况。 4. 发放习题册或作业本。	督促学生完成课前准备。（课前 2 min 内）	按要求完成课前准备。
【复习提问】 1. 引发电气火灾的主要原因有哪些？ 2. 常用的电气灭火方法有哪些？ 3. 发生火灾时的逃生技巧有哪些？	提出问题，分别让 3 位学生作答。（2 min）	思考并回答问题。
【教学引入】 静电现象是一种常见的带电现象，如在干燥天气里用塑料梳子梳头，可听到“噼啪”的放电声。静电在生产生活中有很多应用，如电喷漆、静电复印、静电除尘、静电植绒等，但这些都是利用由外来能源产生的高压静电场进行工作的。本节介绍的静电主要是生产工艺过程中产生的有害静电，这类静电可能引发爆炸或其他危险。	结合实例引出静电现象。（3 min）	举例说明自己遇到的静电现象。
【讲授新课】 **一、静电的产生** 实验证明，只要两种物质紧密接触而后再分离，就可能产生静电。 **二、静电的危害** 1. 爆炸和火灾 2. 静电电击	利用 PPT 授课。（15 min） 讲解静电的产生及其危害。要求熟悉静电的危害。	听讲，做笔记，回答教师提问，加深对静电及其危害的认识。

教学活动		
教学过程与教学内容	教师活动	学生活动
静电电击不是电流持续通过人体的电击，而是静电放电造成的瞬间冲击性的电击。 3. 妨碍生产 在某些生产过程中，若不消除静电，将会妨碍生产或降低产品质量。		
三、静电的防护措施 1. 环境危险程度的控制 2. 工艺控制 3. 导体接地和屏蔽 4. 增湿 5. 使用抗静电添加剂 6. 使用静电中和器 **知识拓展：** 电气灭火安全知识。	讲解工业生产及交通运输过程中静电的消除方法，重点让学生了解日常生活中静电的类型和消除方法，如冬天空气干燥，经常会被静电“打一下”，解决方法：尽量使用棉、麻等天然织物，尽量不要用或穿化纤质地的家纺用品和服装；穿衣服前先用金属衣架迅速扫一扫衣服，以释放电荷；洗衣时使用衣物柔顺剂等。（15 min）	认真听讲，讨论并回答问题。
【课堂小结】 1. 静电的产生。 2. 静电的危害。 3. 静电的防护措施。	简明扼要回顾本次课所学的知识要点，突出本次课的重点和难点。（2 min）	听讲，做笔记，有问题可以现场提问。
【课后作业】 1. 上节课作业的点评。 2. 布置本次课的作业并提出要求。	点评上节课的作业，着重点评共性的问题。 布置本次课的作业，提醒注意事项。（3 min）	对照习题册中的问题进行咨询。

第三章
电气设备及线路的安全运行

§3-1 变配电设备的运行和操作

<table>
<tr><td colspan="5">教 案 首 页</td></tr>
<tr><td>序号</td><td>1</td><td>名称</td><td colspan="2">变配电设备的运行和操作</td></tr>
<tr><td colspan="3">授课班级</td><td>授课日期</td><td>授课时数</td></tr>
<tr><td colspan="3"></td><td>年　月　日</td><td>2 课时</td></tr>
<tr><td>教学目标</td><td colspan="4">1. 熟悉常见的变配电设备。
2, 熟悉变配电设备运行与维护的一般要求。
3. 了解巡视检查的注意事项。
4. 了解开关柜的巡视检查项目和停电后的检修要求。
5. 掌握变配电设备的倒闸操作。</td></tr>
<tr><td>教学重、难点及解决方法</td><td colspan="4">重点：1. 常见变配电设备的名称及特点。
2. 变配电设备运行与维护的一般要求。
难点：变配电设备的倒闸操作。
解决方法：向学生展示实物，在保证安全的前提下带学生参观学校配电室，解决教学的重点。针对教学难点，首先解释倒闸操作的基本要求，再演示（或借助仿真系统介绍）倒闸操作的基本步骤。</td></tr>
<tr><td>授课教具</td><td colspan="4">小型控制变压器、多媒体教学设备等。</td></tr>
<tr><td>授课方法</td><td colspan="4">讲授法、多媒体教学法、直观演示法、案例教学法。</td></tr>
<tr><td>教学思路和建议</td><td colspan="4">本节的教学重点之一是变配电设备运行与维护的一般要求。教材中给出了常见变配电设备的相关图表以及运行与维护的要点。在实际教学中，只通过语言描述，学生无法具备直观认识。在条件允许的情况下，可安排学生实地参观学习，可指导学生完成变配电设备的倒闸操作，并要求学生正确填写倒闸操作票。</td></tr>
<tr><td>审批意见</td><td colspan="4">签字：
年　月　日</td></tr>
</table>

教学活动		
教学过程与教学内容	教师活动	学生活动
【组织教学】 1. 巡查教学环境。 2. 督促学生将手机关机，集中放入手机袋，统一保管。 3. 指导学生自查课堂教学材料的准备情况。 4. 发放习题册或作业本。	督促学生完成课前准备。（课前 2 min 内）	按要求完成课前准备。
【复习提问】 1. 静电是如何产生的? 2. 静电的危害有哪些? 3. 静电的防护措施有哪些?	提出问题，学生作答。（5 min）	思考并回答问题。
【教学引入】 变压器是利用电磁感应原理，从一个电路向另一个电路传递电能或传输信号的一种电器，是电能传递或信号传输的重要元件。	引导学生思考不同变压器的使用场合。	举例说明。
【讲授新课】 电气设备是指按功能和结构适用于电能应用的产品或部件。电气装置是为了实现特定目的且具有互相协调特性的电气设备的组合。	利用实物和 PPT 授课。用好“安全提示”助记口诀。（30 min） 可采用直观演示、提问的方式进行。	
一、常见的变配电设备 在工厂供配电系统中担负输送、变换和分配电能任务的电路，称为主电路（一次电路）；用来控制、指示、监测和保护主电路及主电路中设备运行的电路，称为二次电路。 常见变配电设备的种类： 1. 油浸式有载变压器、干式变压器、S13 系列全密封电力变压器	带领学生到配电室参观，并根据现场设备进行相应的讲解。 讲解一次电路和二次电路的定义。 提问：什么是一次设备？什么是二次设备? 讲解教材表 3–1–1。	观察配电室的设备，并回答问题。

教 学 活 动		
教学过程与教学内容	教师活动	学生活动
2. 固定式高压开关柜、抽屉式低压开关柜 3. 箱式变电站 4. FN3 型户内高压负荷开关、GW4 型户外交流高压隔离开关	要求学生分组讨论教材表3–1–1中哪些设备属于一次设备。	分组讨论。
二、变配电设备的运行与维护 1. 一般要求 2. 巡视检查项目 3. 巡视检查注意事项 4. 开关柜的检查和维修	利用实物和PPT授课。用好“安全提示”助记口诀。（35 min） 要求学生观察教学用变压器通电之后的具体现象，引导学生讨论变压器的正常声响。讲解如何判断变压器油是否正常。 先引导学生回答巡视检查的注意事项，再总结。	观察通电之后的变压器，思考并回答什么样的声响是变压器的正常声响。 就巡视检查的注意事项发表观点。
三、变配电设备的倒闸操作 倒闸操作是指拉开或合上某些断路器和隔离开关、直流回路，切除或投入继电保护装置，拆装临时接地线等操作。送电时，倒闸操作顺序为先合母线侧刀闸，再合线路侧刀闸，最后合上开关。 1. 倒闸操作的基本要求 2. 倒闸操作安全作业要点	重点讲解倒闸操作的基本要求和步骤，并进行演示，同时指导学生操作。 指导学生填写倒闸操作票。	观看教师的演示，然后在教师的指导下进行操作，填写倒闸操作票。
【课堂小结】		
1. 常见的变配电设备。 2. 变配电设备维护的一般要求。 3. 巡视检查项目。 4. 倒闸操作的顺序和倒闸操作票的填写。	回顾本次课所学的知识要点，突出本次课的知识重点和难点。（5 min）	听讲，做笔记，回答教师提问。

教学活动		
教学过程与教学内容	教师活动	学生活动
【课后作业】 1. 上节课作业的点评。 2. 布置本次课的作业并提出要求。	点评上节课的作业，着重点评共性的问题。 布置本次课的作业，提醒注意事项。（5 min）	对照习题册中的问题进行咨询。

§3-2　电气线路的安全技术

<table>
<tr><th colspan="6">教案首页</th></tr>
<tr><td>序号</td><td>2</td><td>名称</td><td colspan="3">电气线路的安全技术</td></tr>
<tr><td colspan="4">授课班级</td><td>授课日期</td><td>授课时数</td></tr>
<tr><td colspan="4"></td><td>年　月　日</td><td>2课时</td></tr>
<tr><td>教学目标</td><td colspan="5">1. 掌握架空线路、电缆线路、配电线路及室内线路的安全技术要求和巡视检查项目。
2. 了解安全载流量的概念，能根据不同的要求选取合适的导体截面。</td></tr>
<tr><td>教学重、难点及解决方法</td><td colspan="5">重点：架空线路、电缆线路、配电线路及室内线路的安全技术要求和巡视检查项目。
难点：根据不同的要求选取合适的导体截面。
解决方法：在保证安全的前提下，可带领学生参观学校配电线路、室内线路，解决教学的重点。针对教学难点，可通过展示实物、视频动画、案例等，使学生对导线的选择具有直观的认识。</td></tr>
<tr><td>授课教具</td><td colspan="5">几种不同截面、不同类型的导线或线缆，多媒体教学设备等。</td></tr>
<tr><td>授课方法</td><td colspan="5">讲授法、多媒体教学法、直观演示法、案例教学法。</td></tr>
<tr><td>教学思路和建议</td><td colspan="5">本节主要介绍架空线路、电缆线路、配电线路、室内线路的巡视检查内容以及导线与电缆的安全载流量。教材中给出了线路巡视检查的项目和内容以及导体截面选择的标准。教学中，可通过短视频以及实物展示的方式帮助学生掌握知识点。</td></tr>
<tr><td>审批意见</td><td colspan="5">

签字：
年　月　日</td></tr>
</table>

教学活动		
教学过程与教学内容	教师活动	学生活动
【组织教学】 1. 巡查教学环境。 2. 督促学生将手机关机，集中放入手机袋，统一保管。 3. 指导学生自查课堂教学材料的准备情况。 4. 发放习题册或作业本。 【复习提问】 1. 倒闸操作的顺序是什么？ 2. 常见的变配电设备有哪些？ 【教学引入】 日常见到的电气线路：架空线路、电缆线路、配电线路及室内线路，每一种都有施工技术规范和巡视检查要求。 【讲授新课】 **一、架空线路** 1. 架空线路采用的器材 2. 施工现场架空线路的档距 3. 拉线的设置要求 4. 架空线路的巡视检查 **二、电缆线路** 1. 电缆的选型 2. 电缆线路的维护和巡视检查 **三、配电线路** 1. 施工现场配电线路的路径选择 2. 配电线路的敷设方式 **四、室内线路** 室内线路的巡视检查内容	督促学生完成课前准备。（课前 2 min 内） 提出问题，学生作答。（2 min） 利用实物和 PPT 授课，用好“安全提示”助记口诀。（35 min） 可以采用直观演示、提问的方式进行。 介绍架空线路、电缆线路、配电线路和室内线路各自的特点及应用环境，巡视检查内容以及导线与电缆的安全载流量。 重点讲解各线路的安全技术要领。 此处强调安全提示，提醒学生安全用电。	按要求完成课前准备。 思考并回答问题。 听讲，做笔记，回答教师提问，熟悉安全提示，加深对安全技术的掌握。

教学活动		
教学过程与教学内容	教师活动	学生活动
五、导线与电缆的安全载流量 1. 选择导体截面时的要求 2. 导体的负荷电流在正常持续运行中产生的温度的要求 3. 电缆沿敷设路径中各场所的散热条件要求 4. 中性导体截面的要求 5. 总等电位联结用保护连接导体截面积的规定	介绍导线的安全载流量时，讲清楚电流的趋肤效应，导线的材质、类型、敷设方式以及散热条件等因素对导线安全载流量大小的影响。（35 min）	听讲并进行记录。 分组讨论，根据实际情况选择合适的导线。
【课堂小结】 1. 架空线路的巡视检查。 2. 电缆线路的巡视检查。 3. 配电线路的敷设方式。 4. 室内线路的巡视检查。 5. 导线与电缆的安全载流量。	回顾本次课所学的知识要点，突出本次课的重点和难点。（3 min）	
【课后作业】 1. 上节课作业的点评。 2. 布置本次课的作业并提出要求。	点评上节课的作业，着重点评共性的问题。 布置本次课的作业，提醒注意事项。（5 min）	对照习题册中的问题进行咨询。

§3-3 用电设备的安全技术

<table>
<tr><td colspan="5">教 案 首 页</td></tr>
<tr><td>序号</td><td>3</td><td>名称</td><td colspan="2">用电设备的安全技术</td></tr>
<tr><td colspan="3">授课班级</td><td>授课日期</td><td>授课时数</td></tr>
<tr><td colspan="3"></td><td>年 月 日</td><td>2 课时</td></tr>
<tr><td>教学目标</td><td colspan="4">1. 掌握电动机的安全技术。
2. 掌握家庭用电的安全技术。
3. 了解电热设备、电焊机、起重机械、可移式和手持电动工具、电动施工机具的安全技术。</td></tr>
<tr><td>教学重、难点及解决方法</td><td colspan="4">重点：1. 电动机的安全技术。
2. 家庭用电的安全技术。
难点：电焊机、起重机械等设备的安全技术。
解决方法：向学生播放视频进行演示，解决教学的重点。针对教学难点，向学生介绍家庭常见设备的相关安全技术，使学生易于理解。</td></tr>
<tr><td>授课教具</td><td colspan="4">小型三相异步电动机、多媒体教学设备等。</td></tr>
<tr><td>授课方法</td><td colspan="4">讲授法、多媒体教学法、案例教学法、直观演示法。</td></tr>
<tr><td>教学思路和建议</td><td colspan="4">本节内容涉及具体的用电设备及常用的家庭用电方面的安全知识，在讲授过程中应结合学生日常生活中经常用到的电器，具体介绍安全知识，以提高学生的学习兴趣，达到更好的教学效果。同时可采用案例教学法加强学生对知识的理解。</td></tr>
<tr><td>审批意见</td><td colspan="4">签字：
年 月 日</td></tr>
</table>

教学活动		
教学过程与教学内容	教师活动	学生活动
【组织教学】 1. 巡查教学环境。 2. 督促学生将手机关机，集中放入手机袋，统一保管。 3. 指导学生自查课堂教学材料的准备情况。 4. 发放习题册或作业本。	督促学生完成课前准备。（课前 2 min 内）	按要求完成课前准备。
【复习提问】 1. 什么是导体的安全载流量？ 2. 导线和电缆的安全载流量取决于哪些因素？	提出问题，学生作答。（2 min）	思考并回答问题。
【教学引入】 掌握用电设备的安全技术至关重要，能帮助我们防患于未然。		
【讲授新课】 **一、电动机的安全技术** 1. 使用电动机的基本常识 2. 电动机控制电器的选型要求 3. 不同种类电动机的安全常识	利用实物和 PPT 授课，用好“安全提示”助记口诀。（35 min） 播放电动机运行的相关视频，并要求学生根据学过的知识讨论电动机运行时的注意事项。讲解过程中可提问电动机熔丝如何选择。	听讲，做笔记。
二、家庭用电的安全技术 1. 家用电器的安全知识 2. 高温季节用电安全 3. 家庭用电的安全技术要求 **案例：** 某住宅区的一套出租房内，18 岁的程某在使用电热水器洗澡时被电击倒，经抢救无效死亡。事后，鉴定机	首先讲解安全用电常识，引入案例，引导学生讨论并得出结论，教师进行总结。然后讲解家用电器的安全用电常识，加深学生的印象。	讨论案例，并总结教训。

教学活动		
教学过程与教学内容	教师活动	学生活动
构对事发现场勘验后给出鉴定结论，程某洗澡所用的电热水器存在漏电，热水器漏电的主要原因是加热管绝缘老化，绝缘强度下降。		
三、其他电气设备的安全技术 其他电气设备如电热设备、电焊机、起重机械、可移式和手持电动工具、电动施工机具等的安全技术。	以表格的形式向学生展示其他电气设备的安全技术要求。（35 min）	对新知识进行必要的记录。
【课堂小结】 1. 电动机的安全技术。 2. 家庭用电的安全技术。 **拓展案例：** 某学校学生宿舍楼发生火灾，一宿舍起火后，该宿舍的2名女生先跑出去大声呼救，等跑回来时，发现宿舍门已经无法打开，由于宿舍内的火势很大，留在宿舍的4名女生被火势逼到阳台上，随后从6楼阳台跳下逃生，4名女生当场死亡。该宿舍楼过火面积20 m^2左右，烧毁宿舍内的书籍、蚊帐、棉被等物品。 事故原因分析：火灾原因为学生在宿舍内使用“热得快”导致电线过热，并将周围可燃物引燃所致。	通过案例进行课程总结。可借此案例将学生宿舍用电安全的内容深入进行介绍，提高学生对安全用电的认识，做到学以致用，同时也可以激发学生的学习兴趣。（5 min）	分组讨论案例，总结经验教训，并在课上发言：在宿舍中如何安全用电。
【课后作业】 1. 上节课作业的点评。 2. 布置本次课的作业并提出要求。	点评上节课的作业，着重点评共性的问题。 布置本次课的作业，提醒注意事项。（3 min）	对照习题册中的问题进行咨询。

§3-4　施工现场配电系统的安全技术

<table>
<tr><th colspan="4">教案首页</th></tr>
<tr><td>序号</td><td>4</td><td>章节名称</td><td colspan="2">施工现场配电系统的安全技术</td></tr>
<tr><td colspan="3">授课班级</td><td>授课日期</td><td>授课时数</td></tr>
<tr><td colspan="3"></td><td>年　月　日</td><td>1课时</td></tr>
<tr><td>教学目标</td><td colspan="4">1. 掌握配电箱的安全技术。
2. 掌握开关电器的选用原则。</td></tr>
<tr><td>教学重、难点及解决方法</td><td colspan="4">重点：配电箱的安全技术。
难点：开关电器的选用原则。
解决方法：向学生展示配电箱并详细讲解其安全技术，解决教学的重点。针对教学难点，设置虚拟场景，要求学生完成照明配电箱的器件选用以及接线，使学生将理论内容具体化。</td></tr>
<tr><td>授课教具</td><td colspan="4">中小型配电箱、多媒体教学设备等。</td></tr>
<tr><td>授课方法</td><td colspan="4">讲授法、案例教学法、直观演示法等。</td></tr>
<tr><td>教学思路和建议</td><td colspan="4">本节介绍了配电箱的安全技术及配电箱内开关电器的选择。通过设置虚拟场景，使学生了解配电箱的结构和各部分的作用，包括中性线排和接地排的位置，同时选择类型、规格合适的断路器并安装。可以通过实际的动手操作以提高学生的学习兴趣，达到更好的教学效果。</td></tr>
<tr><td>审批意见</td><td colspan="4">签字：
年　月　日</td></tr>
</table>

教学活动		
教学过程与教学内容	教师活动	学生活动
【组织教学】 1. 巡查教学环境。 2. 督促学生将手机关机，集中放入手机袋，统一保管。 3. 指导学生自查课堂教学材料的准备情况。 4. 发放习题册或作业本。	督促学生完成课前准备。（课前 2 min 内）	按要求完成课前准备。
【复习提问】 长期停用或可能受潮的电动机，使用前应测量绝缘电阻，其阻值不得小于多少？	提出问题，学生作答。（2 min）	思考并回答问题。
【教学引入】 配电箱是电气装备，具有体积小、安装简便、技术性能特殊（位置固定）、配置功能独特（不受场地限制）、操作稳定、空间利用率高等特点，如何对配电箱正确进行安装？配电箱内部的开关和电器如何配置？	提出问题，学生作答。（3 min）	听讲，做笔记。 观察配电箱，并回答问题。
【讲授新课】 **一、配电箱的安全技术** 低压配电系统宜采用三级配电，分别设置总配电箱、分配电箱、末级配电箱。 配电箱内连接线绝缘层的标识色应符合下列规定： （1）相导体 L1、L2、L3 应依次为黄色、绿色、红色。 （2）中性导体应为淡蓝色。 （3）保护导体应为黄绿双色。 （4）上述标识色不应混用。	利用实物和 PPT 授课。（12 min） 通过实物、图片介绍配电箱各部分的作用，包括中性线排和接地排的位置。提出问题：配电箱内连接线绝缘层的标识色应符合哪些规定？	思考并回答问题。

教学活动		
教学过程与教学内容	教师活动	学生活动
配电箱按下列顺序操作： （1）送电操作顺序：总配电箱→分配电箱→末级配电箱。 （2）停电操作顺序：末级配电箱→分配电箱→总配电箱。	演示配电箱的安全操作顺序。	在教师指导下进行操作。
二、开关电器的选用原则 1. 开关电器的设置应符合下列规定： （1）总配电箱、分配电箱进线应设置隔离开关和总断路器，当采用带隔离功能的断路器时，可不设置隔离开关。各分断电路应设置具有短路、过负荷、接地故障保护功能的开关电器。 （2）总断路器的额定值应与分路断路器的额定值相匹配。 2. 当配电系统设置多级剩余电流动作保护时，每两级之间应有保护性配合，并应符合下列规定： （1）末级配电箱中剩余电流动作保护器的额定动作电流值不应大于 30 mA，分断时间不应大于 0.1 s。 （2）当分配电箱中装设剩余电流动作保护器时，其额定动作电流值不应小于末级配电箱中剩余电流动作保护值的 3 倍，分断时间不应大于 0.3 s。 （3）当总配电箱中装设剩余电流动作保护器时，其额定动作电流值不应小于分配电箱中剩余电流动作保护值的 3 倍，分断时间不应大于 0.5 s。	通过实物、图片介绍开关电器的选用原则。 提供相关元器件，通过设置虚拟场景，指导学生完成照明配电箱的接线。（15 min）	分别选择合适类型、规格的断路器，合适规格、颜色的导线做好照明配电箱的安装。

教学活动		
教学过程与教学内容	教师活动	学生活动
【课堂小结】 1. 配电箱的安全技术。 2. 开关电器的选用原则。	回顾本次课所学的知识要点，突出本次课的重点和难点。（3 min）	
【课后作业】 1. 上节课作业的点评。 2. 布置本次课的作业并提出要求。	点评上节课的作业，着重点评共性的问题。 布置本次课的作业，提醒注意事项。（5 min）	对照习题册中的问题进行咨询。

第四章
电气安全工作制度

§4-1 电工安全用具

<table>
<tr><td colspan="5">教 案 首 页</td></tr>
<tr><td>序号</td><td>1</td><td>名称</td><td colspan="2">电工安全用具</td></tr>
<tr><td colspan="3">授课班级</td><td>授课日期</td><td>授课时数</td></tr>
<tr><td colspan="3"></td><td>年 月 日</td><td>2 课时</td></tr>
<tr><td>教学目标</td><td colspan="4">1. 了解电工安全用具的作用和分类。
2. 熟悉基本安全用具的种类、用途及操作要点。
3. 熟悉辅助安全用具的种类、用途及操作要点。
4. 能进行电工安全用具的预防性和检查性试验。</td></tr>
<tr><td>教学重、难点及解决方法</td><td colspan="4">重点：安全用具的种类、用途及操作要点。
难点：电工安全用具的预防性和检查性试验。
解决方法：通过播放安全用具操作要点和试验的视频（或动画），结合几种安全用具的实物演示进行讲解，解决教学的重点和难点问题。</td></tr>
<tr><td>授课教具</td><td colspan="4">多媒体教学设备、几种便携的安全用具。</td></tr>
<tr><td>授课方法</td><td colspan="4">讲授法、多媒体教学法、案例教学法。</td></tr>
<tr><td>教学思路和建议</td><td colspan="4">本节内容通过对电工安全用具的讲解，使学生知道作为电气操作人员必须对所用安全用具的性能和使用方法有足够的了解，才能保证电工作业中自身以及他人的人身安全，顺利完成工作任务。结合本节中用到的安全用具，如验电器和绝缘鞋等，具体介绍其操作方法，从而提高学生的学习兴趣，达到更好的教学效果。</td></tr>
<tr><td>审批意见</td><td colspan="4">签字：
年 月 日</td></tr>
</table>

教学活动		
教学过程与教学内容	教师活动	学生活动
【组织教学】 1. 巡查教学环境。 2. 督促学生将手机关机，集中放入手机袋，统一保管。 3. 指导学生自查课堂教学材料的准备情况。 4. 发放习题册或作业本。	督促学生完成课前准备。（课前 2 min 内）	按要求完成课前准备。
【复习提问】 1. 配电箱内开关电器的设置规定有哪些? 2. 配电箱送电操作的顺序是什么?	提出问题，学生作答。（5 min）	思考并回答问题。
【教学引入】 电工作业中为了保障工作人员的人身安全，顺利完成工作任务，必须使用相应的安全用具。例如，爬杆登高作业时，工作人员必须正确使用脚扣、安全腰带等安全用具，以防止高空坠落，发生伤亡事故。		
【讲授新课】 **一、电工安全用具的作用和分类** 1. 电工安全用具的作用 2. 电工安全用具的分类 电工安全用具可分为电气工作安全用具和机械工作安全用具两类。电气工作安全用具又分为绝缘安全用具和一般防护安全用具两类。 **二、基本安全用具** 基本安全用具有验电器、绝缘操作棒、绝缘夹钳、安全帽、临时接地线、安全腰带、脚扣和脚登板等。	利用 PPT 授课 1。（35 min） 通过表格向学生展示安全用具的用途、操作要点及图片，让学生对安全用具有直观的认识。同时以验电器为例向学生讲解安全用具的作用以及操作要点，引导学生重视电工作业中穿戴安全用具的必要性。	听讲，做笔记。 讨论教材中的视频。对新知识进行必要的记录。

<table>
<tr><th colspan="3">教 学 活 动</th></tr>
<tr><th>教学过程与教学内容</th><th>教师活动</th><th>学生活动</th></tr>
<tr><td>三、辅助安全用具
辅助安全用具有绝缘台、绝缘垫、绝缘手套和绝缘靴（鞋）等。
四、电工安全用具的预防性和检查性试验</td><td>利用 PPT 授课 2。（35 min）
利用学生常穿的绝缘鞋，采用案例教学法，将电工安全用具的预防件和检杳性试验内容逐条进行梳理并以表格的形式展示。</td><td>分组讨论案例，总结经验教训，在课堂上踊跃发言。</td></tr>
<tr><td>【课堂小结】
1. 电工安全用具的作用。
2. 部分安全用具的用途和操作要点。
3. 电工安全用具的预防性和检查性试验标准。</td><td>将本节的重难点进行梳理，加深学生的印象。（2 min）</td><td></td></tr>
<tr><td>【课后作业】
布置本次课的作业并提出要求。</td><td>布置本次课的作业，提醒注意事项。（3 min）</td><td>对照习题册中的问题进行咨询。</td></tr>
</table>

§4-2 电气值班制度

<table>
<tr><th colspan="4">教案首页</th></tr>
<tr><td>序号</td><td>2</td><td>名称</td><td colspan="2">电气值班制度</td></tr>
<tr><td colspan="3">授课班级</td><td>授课日期</td><td>授课时数</td></tr>
<tr><td colspan="3"></td><td>年 月 日</td><td>1课时</td></tr>
<tr><td>教学目标</td><td colspan="4">1. 熟悉值班工作的安全要求。
2. 熟悉变、配电所的规章制度、值班人员要求和岗位职责。
3. 了解电气检修人员的岗位职责。
4. 了解车间电气技术人员的岗位职责。</td></tr>
<tr><td>教学重、难点及解决方法</td><td colspan="4">重点：值班工作的安全要求，变、配电所的规章制度。
难点：值班人员要求和岗位职责。
解决方法：模拟相关场景，要求学生以小组为单位讨论假如自己是值班人员应该如何去做，带领学生参观学校配电室，与配电室工作人员进行交流，以此解决教学的重点和难点问题。</td></tr>
<tr><td>授课教具</td><td colspan="4">多媒体教学设备。</td></tr>
<tr><td>授课方法</td><td colspan="4">讲授法、多媒体教学法、小组讨论法。</td></tr>
<tr><td>教学思路和建议</td><td colspan="4">本节内容通过对电气值班制度的讲解，使学生认识到值班员的工作是非常重要的，必须具备一定的业务水平和安全常识，才能胜任值班与巡视工作。教学过程中如有条件可邀请变电所值班员与学生交流，为学生答疑解惑。</td></tr>
<tr><td>审批意见</td><td colspan="4">签字：
年 月 日</td></tr>
</table>

教学活动		
教学过程与教学内容	教师活动	学生活动
【组织教学】 1. 巡查教学环境。 2. 督促学生将手机关机，集中放入手机袋，统一保管。 3. 指导学生自查课堂教学材料的准备情况。 4. 发放习题册或作业本。	督促学生完成课前准备。（课前 2 min 内）	按要求完成课前准备。
【复习提问】 1. 电工安全用具可分为几类？ 2. 验电器的操作要点有哪些？	提出问题，学生作答。（5 min）	思考并回答问题。
【教学引入】 为了保证电气设备及线路的可靠运行，除在设备和线路回路上装设继电保护和自动装置，以实现对其保护和自动控制之外，还必须建立人工值班制度。为此，在变电所（发电厂）要设置值班员。		
【讲授新课】 **一、值班工作的安全要求** 1. 值班调度员、值班长和值班员上岗的基本业务条件 2. 值班员的岗位责任及交接班工作制度 **二、变、配电所的规章制度、值班人员要求和岗位职责** 1. 变、配电所的规章制度 2. 值班人员要求 3. 变、配电所值班人员的岗位职责 **三、电气检修人员的岗位职责** **四、车间电气技术人员的岗位职责**	利用 PPT 授课。（30 min） 通过 PPT 向学生讲解值班工作的安全要求；变、配电所的规章制度、值班人员要求和岗位职责；电气检修人员的岗位职责；车间电气技术人员的岗位职责等内容。 模拟配电室场景，将学生划分小组，要求学生讨论如果自己是值班人员应如何去做。	听讲，做笔记。 以小组为单位讨论问题，并踊跃发言。

教学活动		
教学过程与教学内容	教师活动	学生活动
【课堂小结】 1. 值班工作的安全要求。 2. 变、配电所值班人员的岗位职责。 3. 电气检修人员的岗位职责。 4. 车间电气技术人员的岗位职责。	将本节的重难点进行梳理，总结学生讨论的内容，使学生进一步认识到值班员工作的重要性。(3 min)	
【课后作业】 布置本次课的作业并提出要求。	布置本次课的作业，提醒注意事项。(2 min)	对照习题册中的问题进行咨询。

§4-3　电工安全技术操作规程

<table>
<tr><th colspan="6">教 案 首 页</th></tr>
<tr><td>序号</td><td>3</td><td>名称</td><td colspan="3">电工安全技术操作规程</td></tr>
<tr><td colspan="3">授课班级</td><td colspan="2">授课日期</td><td>授课时数</td></tr>
<tr><td colspan="3"></td><td colspan="2">年　月　日</td><td>2 课时</td></tr>
<tr><td>教学目标</td><td colspan="5">1. 熟悉电工安全技术操作规程的一般规定。
2. 掌握电工安装的基本要求。
3. 掌握电工维修的基本要求。</td></tr>
<tr><td>教学重、难点及解决方法</td><td colspan="5">重点：电工安装的基本要求。
难点：电工维修的基本要求。
解决方法：引入实例，播放视频，同时以实物方式向学生演示电工安装和维修的基本要求，使学生对其有直观的认识，以此解决教学的重点和难点问题。</td></tr>
<tr><td>授课教具</td><td colspan="5">多媒体教学设备、常用电工工具。</td></tr>
<tr><td>授课方法</td><td colspan="5">讲授法、多媒体教学法、案例教学法。</td></tr>
<tr><td>教学思路和建议</td><td colspan="5">本节主要介绍电工安全技术操作规程的一般规定，以及电工安装、电工用电维修的相关规定，通过视频引入案例，加深学生对知识的理解。</td></tr>
<tr><td>审批意见</td><td colspan="5">

签字：
年　月　日</td></tr>
</table>

教学活动		
教学过程与教学内容	教师活动	学生活动
【组织教学】 1. 巡查教学环境。 2. 督促学生将手机关机，集中放入手机袋，统一保管。 3. 指导学生自查课堂教学材料的准备情况。 4. 发放习题册或作业本。	督促学生完成课前准备。（课前 2 min 内）	按要求完成课前准备。
【复习提问】 1. 值班员的主要任务是什么？ 2. 车间电气技术人员的岗位职责有哪些？	提出问题，学生作答。（5 min）	思考并回答问题。
【教学引入】 电工作业人员在操作设备或作业时，只有遵守有关安全方面的操作条款，才能保证人身安全。人们把这些条款总结出来，形成一个操作程序，称为电工安全技术操作规程。		
【讲授新课】 **一、电工安全技术操作规程的一般规定** **知识拓展：** 电工特种作业操作证。	利用 PPT 授课 1。（35 min） 引入视频案例，首先要求学生分析案例，进行总结，然后通过 PPT 向学生讲解电工安全技术操作规程的一般规定，以及电工特种作业操作证相关内容。	分组讨论，并进行总结。
二、电工安装的基本要求 **三、电工维修的基本要求**	利用 PPT 授课 2。（35 min） 首先讲解电工安装和维修的基本要求，然后利用简单室内配电线路向学生演示如何安装，安装过程中介绍注意事项。	观看教师演示，可在教师指导下动手操作。

教学活动		
教学过程与教学内容	教师活动	学生活动
【课堂小结】 1. 电工安全技术操作规程的规定。 2. 电工安装和维修的基本要求。	将本节的重难点进行梳理，总结学生讨论的内容，使学生进一步认识到电工安全技术操作规程的重要性。（3 min）	
【课后作业】 布置本次课的作业并提出要求。	布置本次课的作业，提醒注意事项。（2 min）	对照习题册中的问题进行咨询。

§4-4 电工作业安全规定

<table>
<tr><th colspan="4">教 案 首 页</th></tr>
<tr><td>序号</td><td>4</td><td>名称</td><td>电工作业安全规定</td></tr>
<tr><td colspan="2">授课班级</td><td>授课日期</td><td>授课时数</td></tr>
<tr><td colspan="2"></td><td>年 月 日</td><td>1课时</td></tr>
<tr><td>教学目标</td><td colspan="3">1. 熟悉停电作业的安全规定。
2. 熟悉低压带电作业的安全规定。</td></tr>
<tr><td>教学重、难点及解决方法</td><td colspan="3">重点：停电作业的安全规定。
难点：低压带电作业的安全规定。
解决方法：引入实例，播放视频，邀请企业人员与学生交流，使学生对课程有直观的认识，以此解决教学的重点和难点问题。</td></tr>
<tr><td>授课教具</td><td colspan="3">多媒体教学设备、常用电工工具。</td></tr>
<tr><td>授课方法</td><td colspan="3">讲授法、多媒体教学法、案例教学法。</td></tr>
<tr><td>教学思路和建议</td><td colspan="3">本节主要介绍电工作业安全规定，有条件的情况下可邀请企业人员与学生沟通交流，使学生对知识点有直观的认识。</td></tr>
<tr><td>审批意见</td><td colspan="3">签字：
年 月 日</td></tr>
</table>

教学活动		
教学过程与教学内容	教师活动	学生活动
【组织教学】 1. 巡查教学环境。 2. 督促学生将手机关机，集中放入手机袋，统一保管。 3. 指导学生自查课堂教学材料的准备情况。 4. 发放习题册或作业本。	督促学生完成课前准备。（课前 2 min 内）	按要求完成课前准备。
【复习提问】 电工安装的基本要求是什么？	提出问题，学生作答。（5 min）	思考并回答问题。
【教学引入】 停电作业是指在电气设备或线路不带电的情况下所进行的电气检修工作。停电作业分为全停电作业和部分停电作业。全停电作业是指室内高压设备全部停电（包括进户线），通至邻接高压室的门全部闭锁，以及室外高压设备全部停电（包括进户线）情况下的作业。部分停电作业是指高压设备部分停电，或室内全部停电，而通至邻接高压室的门并未全部闭锁情况下的作业。		
【讲授新课】 **一、停电作业的安全规定** 1. 停电 2. 验电 3. 装设接地线 4. 悬挂标志牌和装设遮栏	利用 PPT 授课 1。（20 min） 向学生讲解课程内容，对于一些可操作环节可适当演示。	认真听讲，做笔记。
二、低压带电作业的安全规定	提问：低压带电作业的对地电压不超过 250 V，此电压一定是安全的吗？（3 min）	思考并回答问题。

教学活动		
教学过程与教学内容	教师活动	学生活动
【课堂小结】 1. 停电作业的安全规定。 2. 低压带电作业的安全规定。	引导学生对课程进行总结，使学生认识到遵守电工作业安全规定的重要性，然后教师总结，梳理重难点，加深学生对知识的理解。（10 min）	分组讨论并进行总结，踊跃发言。
【课后作业】 布置本次课的作业并提出要求。	布置本次课的作业，提醒注意事项。（2 min）	对照习题册中的问题进行咨询。

第五章
安全用电的检查和电气事故的处理

§5-1　安全用电的检查制度

教案首页					
序号	1	名称	安全用电的检查制度		
授课班级			授课日期		授课时数
			年　月　日		2 课时
教学目标	1. 了解作业中习惯性违章的要求 / 检查。 2. 了解定期检查的项目。 3. 了解建筑工地用电设备安全用电和工厂厂房安全用电的定期检查。				
教学重、难点及解决方法	重点：1. 电气作业的安全检查制度。 2. 检查中反事故措施的主要内容。 难点：双电源管理防止发生危险的方法。 解决方法：采用情境教学、角色扮演等方式，也可通过视频和直观演示，解决教学的重点。针对教学难点，可通过播放视频或案例教学，加深学生对知识的理解。				
授课教具	多媒体教学设备等。				
授课方法	讲授法、多媒体教学法、情境教学法、案例教学法。				
教学思路和建议	本节内容涉及用电安全制度、技术管理制度的检查，主要包括反事故措施、电气设备管理、运行管理和双电源管理四个方面，在讲授过程中采用情境教学法、案例教学法加强学生对知识的认知。				
审批意见	签字： 年　月　日				

教学活动		
教学过程与内容	教师活动	学生活动
【组织教学】 1. 巡查教学环境。 2. 督促学生将手机关机，集中放入手机袋，统一保管。 3. 指导学生自查课堂教学材料的准备情况。 4. 发放习题册或作业本。	督促学生完成课前准备。（课前 2 min 内）	按要求完成课前准备。
【复习提问】 1. 什么是停电作业？ 2. 在低压设备上带电作业，应遵守哪些安全规定？	提出问题，学生作答。（5 min）	思考并回答问题。
【教学引入】 用户电气设备的安装、运行、维护、检修和管理工作是直接关系到用户能否安全生产的重要环节。在企业内部，应建立对用户电气设备的各种检查制度。		
【讲授新课】 **一、作业中习惯性违章的要求／检查** **二、定期检查** 1. 管理制度的检查 管理制度的检查包括反事故措施、电气设备的管理、运行管理和双电源管理四方面的内容。	结合 PPT 授课 1，用好“安全提示”助记口诀。（35 min） 利用角色扮演方式，抓住学生的好奇心理，引导学生由浅入深、循序渐进地学习。 播放包括反事故措施、电气设备的管理、运行管理和双电源管理四方面内容相关的视频，并要求学生根据学过的知识进行讨论。	听讲，做笔记。
2. 现场巡视检查 3. 建筑工地用电设备安全用电的定期检查	结合 PPT 授课 2，用好“知识拓展”栏目。（35 min）	讨论案例并总结教训。

教学活动		
教学过程与内容	教师活动	学生活动
4. 工厂厂房安全用电的定期检查 **知识拓展：** 用电监察员。	讲解有关现场巡视检查的注意事项；建筑工地用电设备安全作业的要点；车间配电线路停电清扫和检查；车间配电盘和闸箱的检查等。	
【课堂小结】 1. 作业中习惯性违章的检查内容。 2. 定期检查的方法。		
【课后作业】 1. 上节课作业的点评。 2. 布置本次课的作业并提出要求。	点评上节课的作业，着重点评共性的问题。 布置本次课的作业，提醒注意事项。（5 min）	对照习题册中的问题进行咨询。

§5-2 安全用电的宣传和管理

<table>
<tr><th colspan="5">教 案 首 页</th></tr>
<tr><td>序号</td><td>2</td><td>名称</td><td colspan="2">安全用电的宣传和管理</td></tr>
<tr><td colspan="3">授课班级</td><td>授课日期</td><td>授课时数</td></tr>
<tr><td colspan="3"></td><td>年 月 日</td><td>1课时</td></tr>
<tr><td>教学目标</td><td colspan="4">1. 了解安全用电的宣传和竞赛内容。
2. 了解对电气从业人员的管理和培训内容。</td></tr>
<tr><td>教学重、难点及解决方法</td><td colspan="4">重点：1. 安全用电的宣传。
2. 组织安全用电竞赛。
难点：对电气从业人员的培训方式。
解决方法：采用情境教学、角色扮演等方式，也可通过播放视频和直观演示，解决教学的重点。针对教学难点，可通过播放视频或案例教学，加深学生对知识的理解。</td></tr>
<tr><td>授课教具</td><td colspan="4">多媒体教学设备等。</td></tr>
<tr><td>授课方法</td><td colspan="4">讲授法、多媒体教学法、情境教学法、案例教学法。</td></tr>
<tr><td>教学思路和建议</td><td colspan="4">本节内容涉及安全用电宣传、组织用户之间的安全用电竞赛、用电单位对其电气从业人员进行安全技术管理和培训等，在讲授过程中采用案例教学法加强学生对知识的认知。</td></tr>
<tr><td>审批意见</td><td colspan="4">签字：
年 月 日</td></tr>
</table>

教学活动		
教学过程与内容	教师活动	学生活动
【组织教学】 1. 巡查教学环境。 2. 督促学生将手机关机，集中放入手机袋，统一保管。 3. 指导学生自查课堂教学材料的准备情况。 4. 发放习题册或作业本。	督促学生完成课前准备。（课前 2 min 内）	按要求完成课前准备。
【复习提问】 1. 现场巡视检查有哪些注意事项？ 2. 举例说明工厂厂房车间配电盘和闸箱检查的项目。	提出问题，学生作答。（5 min）	思考并回答问题。
【教学引入】 安全用电工作十分重要，它直接关系到人身和设备的安全，而且涉及千家万户、各行各业。		
【讲授新课】 **一、安全用电宣传和竞赛** 1. 安全用电宣传 （1）宣传触电的危险性和安全用电的重要性。 （2）宣传安全用电的基本知识。 （3）介绍安全用电方面的专业技术和规章制度。 （4）宣传安全用电的好经验、好办法和用电事故的教训及防止事故的措施等。	结合 PPT 授课 1。（35 min） 利用角色扮演的方式，抓住学生的好奇心理，引导学生由浅入深、循序渐进地学习。	听讲，做笔记，对新知识进行必要的记录。
2. 组织安全用电竞赛 （1）提高高压设备完好率。 （2）加强电气工作人员的安全技术培训和考核。 （3）降低电气事故率。 **二、对电气从业人员的管理和培训**	结合 PPT 授课 2。（35 min） 讲解安全用电竞赛的内容，引导学生讨论并得出结论，之后教师进行总结。	分组讨论案例，总结经验教训，并在课上发表个人看法。

教学活动		
教学过程与内容	教师活动	学生活动
【课堂小结】 1. 安全用电宣传方法。 2. 对电气从业人员的培训内容。 【课后作业】 1. 上节课作业的点评。 2. 布置本次课的作业并提出要求。	点评上节课的作业，着重点评共性的问题。 布置本次课的作业，提醒注意事项。（5 min）	对照习题册中的问题进行咨询。

§5-3　用电事故及其调查分析

<table>
<tr><td colspan="6">教 案 首 页</td></tr>
<tr><td>序号</td><td>3</td><td>名称</td><td colspan="3">用电事故及其调查分析</td></tr>
<tr><td colspan="3">授课班级</td><td colspan="2">授课日期</td><td>授课时数</td></tr>
<tr><td colspan="3"></td><td colspan="2">年　月　日</td><td>1 课时</td></tr>
<tr><td>教学目标</td><td colspan="5">1. 了解用电事故的分类。
2. 能进行用电事故的调查分析。</td></tr>
<tr><td>教学重、难点及解决方法</td><td colspan="5">重点：用电事故的现场调查。
难点：用电事故的分析。
解决方法：针对教学难点，可通过角色扮演进行翻转式课堂教学设计。可借助案例介绍用电事故的分类、调查分析等相关内容，以激发学生的学习兴趣。</td></tr>
<tr><td>授课教具</td><td colspan="5">多媒体教学设备等。</td></tr>
<tr><td>授课方法</td><td colspan="5">翻转课堂教学法、多媒体教学法、案例教学法。</td></tr>
<tr><td>教学思路和建议</td><td colspan="5">本节内容涉及对用电事故进行分类、及时调查分析和处理用电事故等方面，在讲授过程中采用案例教学法加强学生对知识的认知。</td></tr>
<tr><td>审批意见</td><td colspan="5">签字：
年　月　日</td></tr>
</table>

教学活动		
教学过程与内容	教师活动	学生活动
【组织教学】 1. 巡查教学环境。 2. 督促学生将手机关机，集中放入手机袋，统一保管。 3. 指导学生自查课堂教学材料的准备情况。 4. 发放习题册或作业本。	督促学生完成课前准备。（课前 2 min 内）	按要求完成课前准备。
【复习提问】 1. 宣传安全用电的主要内容有哪些？ 2. 安全用电竞赛的主要内容有哪些？ 【教学引入】 当用户发生影响系统跳闸、主设备损坏等重大用电事故时，应立即向当地电力部门用电监察机构报告。若同时发生人身触电伤亡，还应向当地安全生产监察机构报告。这些机构应采用什么方案来应对？	提出问题，学生作答。（3 min）	思考并回答问题。
【讲授新课】 **一、用电事故的分类** **二、用电事故的调查分析** 1. 事故现场调查 2. 事故调查中的安全措施 3. 事故分析	利用 PPT 授课。（35 min） 可通过角色扮演进行翻转式课堂教学设计。可借助案例将用电事故的分类、调查分析等内容进行深入介绍，以激发学生的学习兴趣，做到学以致用。	听讲，做笔记。对新知识进行必要的记录。 分组讨论案例，总结经验教训，并在课上发表个人看法。
【课堂小结】 1. 用电事故的分类。 2. 用电事故的调查分析方法。		

教学活动		
教学过程与内容	**教师活动**	**学生活动**
【课后作业】 1. 上节课作业的点评。 2. 布置本次课的作业并提出要求。	点评上节课的作业，着重点评共性的问题。 布置本次课的作业，提醒注意事项。（2 min）	对照习题册中的问题进行咨询。

§5-4 用电事故的防范措施

<table>
<tr><th colspan="5">教 案 首 页</th></tr>
<tr><td>序号</td><td>4</td><td>名称</td><td colspan="2">用电事故的防范措施</td></tr>
<tr><td colspan="3">授课班级</td><td>授课日期</td><td>授课时数</td></tr>
<tr><td colspan="3"></td><td>年 月 日</td><td>1 课时</td></tr>
<tr><td>教学目标</td><td colspan="4">1. 了解用电事故的防范体系和预防措施。
2. 了解预防用电事故的技术措施。</td></tr>
<tr><td>教学重、难点及解决方法</td><td colspan="4">重点：1. 用电事故的防范体系。
2. 用电事故的预防措施。
难点：预防用电事故的技术措施。
解决方法：针对教学难点，可通过角色扮演进行翻转式课堂教学设计。可借助案例介绍用电事故防范体系和预防措施、预防用电事故的技术措施等相关内容，以激发学生的学习兴趣。</td></tr>
<tr><td>授课教具</td><td colspan="4">多媒体教学设备等。</td></tr>
<tr><td>授课方法</td><td colspan="4">翻转课堂教学法、多媒体教学法、案例教学法。</td></tr>
<tr><td>教学思路和建议</td><td colspan="4">本节内容涉及用电事故的防范体系和预防措施、预防用电事故的技术措施等方面，在讲授过程中采用案例教学法以加强学生对知识的认知。</td></tr>
<tr><td>审批意见</td><td colspan="4">签字：
年 月 日</td></tr>
</table>

教学活动		
教学过程与内容	教师活动	学生活动
【组织教学】 1. 巡查教学环境。 2. 督促学生将手机关机，集中放入手机袋，统一保管。 3. 指导学生自查课堂教学材料的准备情况。 4. 发放习题册或作业本。	督促学生完成课前准备。（课前 2 min 内）	按要求完成课前准备。
【复习提问】 1. 从事故的严重程度及造成的经济损失方面看，用电事故分为哪几类？ 2. 事故调查中的安全措施有哪些？	提出问题，学生作答。（3 min）	思考并回答问题。
【教学引入】 为防范安全事故，保证人身安全，保证电网安全稳定运行和可靠供电，保证国家和企业资产免遭损失，应采取一定的用电事故防范措施。		
【讲授新课】 **一、用电事故的防范体系和预防措施** 1. 防范体系 2. 预防措施 （1）落实安全生产责任制。 （2）提高工作人员的业务技能与思想素质。 （3）强化运行维护和技术创新。 **二、预防用电事故的技术措施** 1. 防止火灾事故的技术措施 2. 防止误操作事故的技术措施 3. 防止全厂停电事故的技术措施	利用 PPT 授课。（35 min）。 可通过角色扮演进行翻转式课堂教学设计。可借助案例将用电事故预防措施、技术措施的内容进行深入介绍，以激发学生的学习兴趣，做到学以致用。	听讲，做笔记。 分组讨论案例，总结经验教训，并在课上发表个人看法。

教学活动		
教学过程与内容	教师活动	学生活动
【课堂小结】 1. 用电事故的预防措施。 2. 预防用电事故的技术措施。 【课后作业】 1. 上节课作业的点评。 2. 布置本次课的作业并提出要求。	点评上节课的作业，着重点评共性的问题。 布置本次课的作业，提醒注意事项。（2 min）	对照习题册中的问题进行咨询。